**知识就在得到**

Meta

# 元智慧

Wisdom

吴军 著

新星出版社　NEW STAR PRESS

## 前言
# 用智慧驾驭知识

1597年，英国著名政治家和哲学家培根在其著作《沉思录》中喊出了"知识就是力量"[1]这个振聋发聩的口号。今天，追求知识已经成了很多人的人生信条。人们相信，通过读书、求学和掌握知识，可以取得更大的成就，同时可以让自己过上更好的生活。在社会层面，今天也有比过去任何时代都好的学习环境和培养人才的氛围。然而，很多人上了多年学，学了一肚子知识，却依旧过不好这一生，这是为什么呢？

答案其实很简单，想要过好这一生，只有知识和文化是不

---

[1] 这句话原本是用拉丁语写的，原文是 psa scientia potestas est，意思是"知识本身就是力量"。1668年，曾经担任过培根秘书的思想家托马斯·霍布斯在《利维坦》一书中将它表述成英语的 Knowledge is power，即今天我们所说的"知识就是力量"的常见说法。

够的，还要有智慧。一个有知识、有技艺的人，在一个由别人给自己做安排的社会，能够靠知识和手艺养活自己。但在一个自由发展的社会，一个人想要实现自己的价值，对社会产生影响，甚至在历史上留下一笔，光靠知识和技艺显然是不够的，还得靠智慧。

虽然知识和智慧有一定的相关性，但有知识的人不一定有智慧。今天绝大部分人都比古代学者更有知识，但却未必比他们更有智慧。一个人可能学富五车，但他完全可能是在不断重复他人的思想，自己却不善于思考，甚至懒得思考，没有判断力。这样，拥有的知识再多，他在生活中也可能会做出许多误判而耽误自己的人生。相反，像苏格拉底那样的人，逢人便说"我只知道自己一无所知"，倒是最富有智慧，因为他知道自己认知的局限性，才会不断探究人性的本质和未知世界的奥秘。

今天，很多人会花40万美元买一股伯克希尔·哈撒韦公司的股票，以便有机会聆听巴菲特的教诲。要论拥有的投资知识，世界上超过巴菲特的人非常多，而且还会越来越多；但要论对待财富的智慧，就很少有人能和巴菲特相比了。在过去，经常有一些有知识但无所敬畏的人说巴菲特的知识结构过时了，但几年后事实证明巴菲特依然是对的，而嘲笑他的人早已不知躲到哪里去了。这便是知识和智慧的差别。

我有一位朋友，算得上中国最有金融知识的人之一。聆听了巴菲特的教诲后，他说有醍醐灌顶的感觉。后来，他又找到一位在他看来"中国最有智慧的人"，那位智者帮他分析世界大势，引导他投资全球两个发展最快的市场。五六年后，他在那两个市场成了全世界最重要的投资人，获得了巨大的投资回报。这位朋友讲，今天的世界不再缺乏有知识的人了，但有智慧的人依然凤毛麟角。

我经常会把知识比作术，把智慧比作道，而道可以驾驭术。没有智慧的知识，对人来讲有时是一种负担，知识越多，负担越沉重，会把人困在其中。中国有句老话，"淹死会水的，打死会拳的"，说的就是人陷入对自己知识和技能的盲目自信，以至于做出了蠢事。因此，只有通过道来驾驭术才能做出有益的事。比如，一个人学会开车，这是掌握了技能，也就是掌握了术层面的知识；而懂得开车要遵守交通规则，要谨慎，则是理解了道。如果没有开车之道，技术越高可能越危险。

遗憾的是，今天很多人只重视术层面的知识，却忽视了道层面的智慧，结果过得很辛苦。这其中的道理也不难理解。世界上的知识有很多，学都学不完。虽然今天的人知识比过去的人多了很多，但依然是有限的。再博学的人在无限的知识面前也会黯然失色,也正因如此,庄子才会有"吾生也有涯,而知也无涯"的感叹。这些人在面对未知世界时,依然感到不知所措。智慧则不同,因为智慧是富有创造性的,它不被有限所困,面对无限世界反而显得生机勃勃,能够创造出更多知识。有了智慧,只要有条件,再获得知识反而会成为一件相对容易的事情。

世界上的智慧有很多,任何人都需要了解和掌握的是最基本的智慧,也就是"元智慧"。元智慧并不深奥,很容易掌握,但却对我们的人生非常重要。掌握了这些智慧,不仅现有的知识不会成为负担,任何未知世界也都会成为我们发展的舞台。而在本书中,我会重点论述要过好一生、实现职业理想和人生价值所需的各种基本智慧。

掌握知识的方法和获得智慧的方法不同。知识可以通过学习去获取,智慧则要靠悟来获得。这个"悟"是指自己去觉悟、去领悟。一个道理,只有自己真正领悟了,使用起来才能融会贯通。因此,获取知识的过程是学习,这是大家所熟悉的;获得智慧的过程则是一种修行,这是很多人之前没有体验过的。

说到修行,很多人会想到高僧隐士。但实际上,对生活智慧的修行,是不可能在学者的书斋或者隐士的草庐中完成的,而要到大千世界去感知,去触碰世间万物,去体会人情冷暖。

因此，我希望在读完本书后，广大读者朋友能将所学的知识上升为智慧，这样知识才能显示出它们的价值。然后，希望你们能在智慧的引导下付诸行动，以此实现自己的人生价值。

吴军

2022 年 5 月于硅谷

# 目录

**CONTENTS**

## 第一章 Chapter One

### 以成年人的姿态面对社会

刚从校园进入社会，想要快速适应，捷径是没有的，但有方法可以让你少走弯路。

| | |
|---|---|
| 自由的代价 | 003 |
| 从学生思维转变到成年人思维 | 016 |
| 掌握职场中的行事智慧 | 026 |
| 别操不该操的心 | 038 |
| 避开这些坑再谈创业 | 046 |
| 学会与自己和解 | 055 |
| 一位父亲给女儿的四个建议 | 064 |
| 我们需要的是财务自由还是自由 | 072 |

## 第二章 Chapter Two

### 把自己当成世界的主人

没有一种努力是不伴随着失败的，而把自己当成世界的主人，你就会拥有主动的人生。

| | |
|---|---|
| 考试，获取反馈和动力的重要途径 | 083 |
| 人生，是一次次没有监考的考试 | 094 |
| 为什么有人既聪明又努力，依然过不好这一生 | 102 |
| 你是你达成目标道路上唯一的障碍 | 113 |
| 把低质量的词从你的词典里删掉 | 128 |
| 成熟的自律 | 138 |

## 第三章 Chapter Three
## 系统性地自我提升

世界上总有人比你天赋高，还比你努力，所以你要做的，是掌握系统性进步的方法，朝着正确的方向不断精进。

| | |
|---|---|
| 小习惯决定大成就 | 147 |
| 个人发展，要广度还是要深度 | 156 |
| 有效进步比快速进步更重要 | 163 |
| 用系统论的方法优化自身 | 171 |
| 天才究竟是什么样的 | 182 |

## 第四章 Chapter Four
## 破局而出

遇到问题不可怕，可怕的是不能正视问题的存在，甚至陷入悲观，放弃尝试。只要用对方法，你就能克服困难，破局而出。

| | |
|---|---|
| 世界上的方法总比问题多 | 193 |
| 解决复杂问题要从简单方法入手 | 203 |
| 从计划导向转变到行动导向 | 212 |
| 从盲目试错转变到科学试错 | 222 |

## 第五章 相信个人的力量
### Chapter Five

大时代已经过去,个人没有机会了吗?不,只要把自己的潜能发挥到极致,你就能做出改变世界的壮举。

| | |
|---|---|
| 躺平,是应对内卷的正确方式吗 | 233 |
| 罗林森:破译楔形文字 | 241 |
| 李希霍芬:让西方人真正认识中国 | 249 |
| 本-耶胡达:复活古希伯来语 | 257 |
| 张纯如:诉说南京大屠杀的真相 | 265 |
| 我们家的阿明哥:小人物成就大梦想 | 273 |

## 第六章 保全自我是一切的基础
### Chapter Six

保全自我是1,其他所有事都是1后的0;没有前面的1,0再多也无济于事。

| | |
|---|---|
| 维护自己的利益,就是维护正义 | 281 |
| 永远不要为了便利放弃自己的隐私 | 288 |
| 有效识别霸凌,才能避免被霸凌 | 297 |
| 如何应对亲密关系中的霸凌 | 305 |
| 如何应对职场关系中的霸凌 | 312 |

## 后记
### Postscript

319

第一章

# 以成年人的姿态面对社会

▼

Chapter One
## To Face Society as An Adult

进入社会后，我们通常都会希望被别人看成一个成熟的、可以信赖的人。成熟与否，有时不在于年龄的大小，而在于思维方式和做事习惯是否已经脱离了随意的状态。当一个人开始为自己的想法、决定和行为负责任，开始在做决策时考虑周围人的利益和感受，开始理性地分析问题、谨慎地权衡利弊，他就已经走向成熟了。

从不成熟到成熟有一个过程，有人不到20岁就很成熟了，有人到了40岁还很天真。这既受到了一个人经历的影响，也取决于他是否有心让自己一步步成熟起来。任何社会都会要求每个人的想法和行为与他的年龄相适应，并不会原谅一个到三四十岁却依然天真的人所犯的无心之错。因此，一个人在成年后，特别是在走出校门后，就应该在心理上"断奶"，以成年人的思维和担当与世界相处。这是一个过程，而完成这个过程需要自己去思考、去怀疑、去体验、去改进。

## 自由的代价

每年一过毕业季,很多大学毕业生就要开始工作了——这是人一生中几个重要的转折点之一。另外几个转折点则是在此之前的进入大学,在此之后的结婚、生育以及步入老年。有些人比周围的人活得好一点,无非就是在这几个转折点上做得更好。

对于正在走出校门、进入社会的青年朋友,我想说:恭喜你们,你们不再是孩子,不再是学生,离开了那个默认你们需要被照顾、被管教的环境,进入了一个更广阔的世界,成了一个独立生活的人,你们自由了。

或许在毕业之前,你已经盼望这一天很久了。30多年前,我也有同样的想法。后来我又接触到无数的大学生,他们在即将离开学校时,也都在憧憬未来自由的日子。可以讲,走出校门的这一天,是大家的自由日和独立日。

首先,在时间上自由了,因为不需要再做作业和考试,时间不会再被拴在书本上,下班后和周末的时间都可以自由支配。

很多人上班时间还有一定的灵活性，每天干够一定时间即可，并不需要在固定时间到岗。这和在学校要踩着铃声进教室完全不同。

其次，可以靠工资吃饭，不必再依靠父母了。经济上的独立必然带来自由。

再次，生活方式也自由了。离开校园以后，大家不用再过学校规定的整齐划一的生活，不用再被宿管阿姨管着了。此外，生活空间的扩大让大家也可以任性一把了。大功率电器想怎么用就怎么用，不用担心电路跳闸；流行音乐想放什么就放什么，不用担心同宿舍的同学有意见；想多晚回家就可以多晚回家，还可以和恋人一起生活。

最后，工作和生活自由了。上学时，大部分人都没有换学校、换专业的自由，甚至学什么内容、做什么题目也要受老师的管理。而走出学校后，如果真的不喜欢自己做的那份工作，是可以换的；甚至如果不喜欢那个老板，也可以直接"炒"了他。

你看，毕业多好。每个在校生恐怕都在盼着这一天，当年我也是如此。但是，很快大家就会发现，自由是有代价的。用美国人的俗话讲，就是 freedom is not free，意思是说自由不是免费得来的。对年轻人来说，毕业典礼之后的兴奋其实是很短暂的，当初对自由的憧憬很快就会消失得无影无踪，接踵而来的不安和失落却会持续很久。接下来，一个又一个看似普通却非常实际的问题，可能会让大家觉得头痛不已。因此，我们需要了解自由的代价，只有这样才能获得真正的自由。

**快速安顿下来**

走出校门后面临的第一个问题，就是需要快速安顿下来。如果一个人连住的地方都没有找好，是无法安心工作的。然而，除非你是在自己老家上的大学，否则想找到一个合适的住处安顿下来并非易事。这里面有主观的原因，也有客观的因素。主观原因主要是指年轻人自身的能力，像如何让自己安顿下来、如何跟房东打交道、如何处理邻里之间的矛盾等基本的生活经验，这些在学校里是学不到的，只能靠自己迅速学习。至于客观因素，大家会发现一个悖论——有住房的地方没工作，有工作的地方没住房。

今天，好的工作机会通常集中在大城市，但是在大城市租房肯定不是一件容易的事情，经济上的压力首当其冲。我从互联网上找了一些数据，发现 2020 年本科应届毕业生第一份工作的平均月薪仅为 5000 多元。当然，这是全国的平均数，大城市的薪水会高不少。根据 2021 年 7 月北京市人力社保局发布的《2021 年北京市人力资源市场薪酬调查报告（二季度）》，北京市 2021 届高校毕业生的薪资水平为 4000～11000 元，上限也不过是 1.1 万元。即便是名校毕业，提升的幅度也有限。对 2019 届高校毕业生平均月薪的追踪显示，即使是清华的应届毕业生，平均月薪也不过 1.7 万元，而在北京排到第三名的中国人民大学，应届毕业生的平均月薪就只有将近 1 万元了。[1]

我又了解了一下北京的租房信息，发现如果想在四环和五环之间实现整租自由，月薪至少要达到 2 万元以上，这还不是最好地段的行情。上海、深圳的房租也不便宜。即便是在杭州，要想自己整租房子，月薪也要在 1.5 万元以上。也就是说，应届毕业生想要只靠自己的能力整租房子，几乎没有可能。对大多数人来讲，找个室友是唯一的选择。

凡事都是有成本的，合租虽然能降低租房成本，但多一个室友也可能会带来新的不便。在大学里，不管室友多难相处，至少也是同学，大家生活节奏都差不多。更何况，如果室友做得太过分，上面还有人能管他。但合租室友通常是陌生人，彼

---

[1] 智联招聘：《2020 年秋季大学生就业报告》。

此之间产生矛盾的概率不低,产生矛盾的种类也很多样。更糟糕的是,如果出现了矛盾,只能你们自己解决,不会有人来居中调停。如果遇到这种情况,你是否会怀念过去有宿管的时光呢?

另外,除非你住的是高级公寓,否则房子一旦出了状况也很麻烦——很多时候你要自己解决,有时你可能还要看房东的脸色。最后在要回押金时,也总免不了要和房东争吵。如果你租的是私人的房子,退租后还能和房东做朋友,那说明你的情商相当不错。

为什么我要从找房子安顿下来说起呢?因为这是大学生迈入社会的奠基礼。

一方面,根据我对刚毕业学生的观察,如果一个人不能很好地安顿下来,那么他长期的工作效率是会出问题的。我接触过的不少年轻人一开始会想,只要有一个能睡觉的地方就行,这种想法有点天真。如果干的是一份仅持续几周或者几个月的工作,那在生活中遇到困难,咬咬牙挺过去或许还可以;但如果是要年复一年地工作下去,这样就不可行了。设想一下,一个人在单位工作很累,回家后还很累,完全得不到放松,那时间一长,生理和心理都会出问题。所谓安顿,不仅是找到一个可以睡觉的地方,更是让自己真正融入所在地的生活,认同周围的环境是自己的第二故乡。一个人在某个地方挣笔钱就离开，跟为了真正生活在那里而工作是两回事。

另一方面，能够凭自己的能力在新的环境中安顿下来，说明这个人已经迈出了从"校园里的人"到"社会上的人"的第一步，也标志着他可以独立于家长、老师和同学生活，可以自己照顾好自己，可以应对未来生活中的各种问题了。举个例子，在大学时跟同学发生矛盾，有老师和辅导员居中调停；但走出校门，无论是处理和室友的关系，还是处理和房东的关系，都得靠自己。这可以被看作个人成长必须经历的过程，因为这是大多数人首次完全以成年人的身份，在生活上与陌生人建立起稳定的关系。

**切断与过去生活的"脐带"**

那么，怎样才能快速安顿下来呢？最关键的是切断与过去生活之间的"脐带"。

人在学校里，其实接受着学校和家庭两方面的关照。这种关照既是照顾，也是管理。年轻人通常并不喜欢这种管理，无论是来自老师、辅导员、宿管还是家长，但同时又心安理得地接受他们的安排和照顾。学校方面的照顾通常是生活和学业上的，家庭方面的照顾则主要是经济上的。很多年轻人只希望被照顾，不希望被管理。这其实不现实，就如同我们不可能找出一张只有正面没有反面的纸一样。离开学校，管理没有了，这让大家感到自由，但同时照顾也不可能存在了。这一点走出校门的人必须明白，也必须适应。

有人会希望单位像学校一样关照自己，希望父母依然在经济上支持自己，这就如同一个离开了母体的婴儿还希望通过脐带获得营养一样不切实际。

我们今天经常会听到"妈宝男""妈宝女"这样的词，一个原因就是那些年轻人从来没有跟过去靠父母照顾的生活有过切割，没有切断与过去生活的"脐带"。他们不仅找工作、找房子要靠父母帮忙，甚至在工作后还要靠父母补贴。切不断"脐带"，即便父母能活一百岁，关照他们一辈子，他们也不是独立的人。

我认识一个北京的大学毕业生。她在学校里学什么完全听老师的，学的东西有没有用从来不考虑，毕业后找工作也不上心，最后是父母托关系把她安排进了一个机关单位坐办公室。在机关，收入自然多不了。发工资后，她去超市买了些生活必需品，发现一下子把工资花掉了十分之一，顿时心里就不踏实了。这之后，她每到周末就去父母家蹭饭，顺便拿点钱走。然而，世界上是不会有免费的午餐的。她依赖着父母生活，父母就难免会干涉她的生活，这让她很不舒服。通常，年轻人离开学校后还是会渴望有些自由的，但是必须明白，这种自由需要付出代价，而切断与过去生活的"脐带"就是代价之一。

有些在美国留学的年轻人跟我说，父母希望他们毕业后回国，回到父母身边；也有些在北京、上海的学生跟我说过类似的问题，父母希望他们毕业后回老家。这些父母的理由都差不多，就是那样将来生活比较省心，而这些年轻人之所以动心，就是因为舍不得切断与过去生活的"脐带"。对于这些年轻人，我通常会这样回答："你要想清楚你将来几十年想过什么样的生活。如果你想过自己的生活，就必须切断与过去生活的脐带；如果你想一辈子过父母给你安排的生活，就听他们的。"

有见识的父母通常会让孩子过自己的生活。我有两位非常富有的企业家朋友，他们从来不让孩子到自己的企业上班，而是让他们自己找工作，独立生活。不知道这两个年轻人底细的人，肯定不会知道他们的家境有多好。后来，这两个年轻人都事业有成。最重要的是，他们做的是自己想做的事情，过的是自己想过的人生。

切断与过去生活的"脐带"，那一瞬间无疑是痛苦的，但谁又不是这样过来的呢？每年夏天，"第一次租房能有多难"这类问题就会冲上微博热搜，一千个人有一千种不同的经历，而里面又有一千零一个坑。这类热搜下通常都是各种吐槽的评论，从高租金到黑中介，再到奇葩室友。即便你已经十二分小心了，还是可能会租到有问题的房子。

我自己在美国，从上学、实习到换工作，也经历过好几次需要安顿的阵痛。和国内情况不同的是，我的室友除了中国人，还有美国人、印度人、欧洲人、泰国人和越南人。除了要处理大家都会遇到的因为共享空间而产生的矛盾，还要应付可能产生的文化上的冲突。但是，当我真正下定决心和各种人在一个屋檐下和谐相处之后，应对起单位里同事之间的矛盾就轻松多了。

因此，**如果你已经走出了校门，就不要再回头看。**

## 迎接随时随地的"考试"

没有考试的日子的确很自由。我一生三次走进校门，又三次毕业，每次离开学校时，真的都有一种轻松的感觉。但是，这种轻松是有代价的，因为从学校到单位之后，更多的"考试"接踵而至。只要我们稍一放松，付出的代价就是职业发展降速。

比如，每当第二天要向老板汇报，头一天晚上你通常是无法正常下班的；年中和年底单位考核给你的压力，一点也不亚于过去的期末考试。更让你措手不及的是，工作中会出现太多没有事先通知、无法准备的考试。在学校里考试没考好，目标是90分，结果考了70分，无非是成绩单难看点；但在公司里，如果老板期望你做到90分，你却只做到了85分，他可能会批评得让你抬不起头来。

更糟糕的是，过去的考试好歹是有标准答案的，即便老师再不喜欢你，他也不能把你答对的题说成错的；但在单位，不仅不能保证领导是公平的、领导的看法是正确的，也不能保证同事不会使坏。很多时候，你拿到一个自己不满意的年终评语，奖金少了很多，祸根可能就是在过去一年中的某一天不小心埋下的。

在大学里，其实我对"兢兢业业"这个词并不真的理解；参加了工作，我才真正体会到了兢兢业业和工作随意之间的差别。工作随意通常不至于让人交不了差，因为工作到80分的水平和95分的水平一般都能通过，没有人会给你的工作成果打一个具体的分数。但时间一长，满足于80分水平的人，职业生涯就被耽误了。在工作中通常没有人监督你，但如果你有心进步，就一定要时刻告诉自己要兢兢业业。

和在学校不同的是，生活和工作中的考试未必公平。比如，你明明比同一天入职的同事工作表现更好，这次提升的机会却给了他。遇到这种事，很多年轻人会抱怨不公平。其实，现实中根本就没有完全公平的事情，明白了这个道理，就不会抱怨了。过去，大家在学校习惯了一年两次或四次可以复习的、尽可能公平的书面考试。进入社会后，遇到各种随时随地的、未必公平的考试，一开始或多或少都会有些不适应。但是，适应这种考试是生活的一部分。即便结果完全不公平，我们也要全力以赴，因为我们是在为自己考试。理解了这一点，就完成了一项重要的成长。

**下班后的生活决定一个人的职业发展速度**

最后要提醒你的是，走出校门之后，时间管理就变得非常重要了。在学校，大部分同学的时间其实都被学校安排好了——平时要上课、锻炼、自习，周末有时间就做点自己喜欢的事情。不同人之间的差异，每天不会超过一个小时。你没法晚起，早睡也没太大的可能。因此，在校的学生相对不太需要为自己的时间管理操心。

但走出校门之后，因为通勤的需要，你可能要比在学校时起得更早。而且单位很可能没有午休时间,这可能会让你觉得很不习惯。有的单位比较人性化,比如腾讯允许员工带一个折叠床,午后休息一小时,但大部分单位没有这个条件。我在大学毕业后,花了一年的时间才习惯没有午休的生活,我喝茶、喝咖啡的习惯也是那时养成的。对于刚进职场的人来说,如果没有午休,下班后还要再坐一个多小时的地铁通勤,那到家一定累得要死了。但这时,你是躺倒,还是再做点什么有意义的事情,一年后就能看出差别了。

**因此,下班后做什么,几乎决定了一个人的职业发展速度。**

很多人下班后会去聚餐,或者和几个朋友去喝啤酒、打游戏,毕竟已经累一天了。我身边的很多人也是这么做的。不过,如果你能利用好每天晚上的时间,你的人生将会变得完全不同。

以我为例,本科毕业后,我每天晚上到家时和大家一样累,但是我会看书、学习 4 个小时,每天如此。后来硕士毕业留校,不再需要通勤,我每天晚上都会看资料、写论文。那时,我在国内发表的所有论文都是晚上写的。后来到了谷歌,虽然一开始总是工作到深夜,但只要周末有时间,我依然会学新的东西。安排好下班后的生活,不仅是为了充分利用时间,更是为了养成一种好的生活习惯。

\*

离开学校走向社会,是我们获得自由的开始。但自由是有代价的,我们在享受自由的同时,也会遇到很多不便。不过,人最终是要往前看、往前走的。完成从校园到社会的过渡,第一步就是要切断和过去生活的"脐带"。不仅从学校到社会如此,每开始一段新生活,人都要和过去告别。

人的成长不是一个抽象的概念,而是通过处理一件件无比具体的事情实现的。很多时候,我们身处某件复杂事情当中,觉得它给自己带来了无尽的麻烦;但当你完成了那件事,成长也就发生了。**顺利完成从学校到工作的过渡期,是你从被照顾的孩子变成社会人的第一步。**

## 从学生思维转变到成年人思维

一个年轻人走出校门，安顿下来，才完成了他进入社会的第一步。接下来，他就要面对各种挑战了。我问过很多年轻人新到一个工作单位后的感受，他们通常很快就会由紧张而兴奋变成茫然而疲惫。他们说，虽然工作一段时间后，也适应了日常的工作，但是依然活得很累。很多人不得不"996"地工作，只为了攒钱买房、养家糊口，他们既没有丰富多彩的生活，也没有自己想象中的事业发展。他们通常会问我这样一个问题：有没有什么捷径能让自己提升得快一点呢？

捷径是没有的，但少走弯路是能够做到的。根据自己的经验和对别人的观察，我总结出了八个要点。做到这八点，你就能少走不少弯路。本节先来说三个有关思维方式转变的要点，其他五个要点在下一节具体介绍。

## 不是学某个人，而是做对的事

学生时期，人通常都是照着学、照着做，目标很明确：在课堂上，老师讲的内容就是自己要学的。即便到了实验室做研究，有了一些主动性，基本上也是跟着导师或者师兄师姐学，基本上不会有心思和机会考虑自己该如何选择目标。

走上社会后，被学校、老师安排的目标突然消失了。因为没有了目标，很多人在毕业后的前几年都像脚踩西瓜皮一样，滑到哪里算哪里。有些人会想，自己在单位也是所有工作都由老板安排，似乎和在学校时差不多。其实，当一个人从学生转变成社会人，这种思维方式就要改一改了。你要相信自己不会永远"996"地为他人打工。即使10年后你依然是一名员工而不是老板，你也可能是在以一种和单位合作的方式工作，而不是单位的附庸。也就是说，在你需要这份工作的同时，单位也离不开你。

要做到这一点，你需要找对人生目标。具体来说，就是你要把目光放在对周围的人和社会有贡献上，而不是一味放在成功上。

我在得到App的专栏《硅谷来信3》中多次讲，**一个人的眼睛往哪里看，他就会慢慢成为什么样的人**。很多人把眼光放在那些所谓的成功人士身上，一心想成为那样的人。于是，他们在不知不觉中模仿那些人的做事方式，觉得只要仿照那些人做事情，早晚有一天自己也会成为那样的人。然而，很多所谓的成功人士其实并不值得大家学习，而且即使你努力学，也学不来。毕竟，你并不知道他们成功的真实原因。他们公开讲的只是能拿到台面上说的，那些不能拿到台面上说的，你并不知道。就算知道，学了以后也可能害处大于好处。更重要的是，很多所谓的成功人士，其实身上的争议是很大的。

就拿大家很熟悉的扎克伯格和马斯克来说，其实没有人能学得了他们。几年前，扎克伯格经常往中国跑，成了网红，不管他做什么事，大家都觉得好。很多人把他当作偶像，把他的缺点也硬说成优点。但是，有些人没学到他的本事和他全球化的大视野，倒是把他当初坑合伙人，后来用不光彩的方式排挤竞争对手的手段当成"竞争经验"来学。不难想象，这样的人不仅无法在竞争中复制扎克伯格的成功，还更有可能在各种环境中都遇到巨大的阻力。而这几年，扎克伯格在美国和其他国家的名声都不大好，把他当偶像学习的人，可能会有三观尽毁的感觉。马斯克的情况与扎克伯格类似。很多人学马斯克，没学会他踏踏实实做事的本事，倒是学会了他把摊子铺很大、不断讲故事的作风，最后搞得自己收不了场。

盯着一个人去学是很难真正学到什么的，不如做好自己的事。哪怕你现在没有什么成就，但只要你做的事真的对周围的人和社会有好处，做出了真正的贡献，就会慢慢得到大家的认可，被赋予越来越重大的责任。人的重要性就是这样一步步提升的。

十几年前，我和美国普渡大学历史系的一位教授聊到工业界巨头们的贡献，他的一个观点让我深受启发。

他问了我一个问题："你觉得比尔·盖茨等人对世界的贡献一定比我们大吗？"我说："他们的贡献有没有你的大我不知道，但一定比我的大。"他说不一定。我问他为什么。他反问我："你觉得你对世界的贡献是正的还是负的？"我说："当然是正的。虽然我的贡献不算大，却没有干过什么坏事。"他说："这就对了。你不能光看到盖茨干的好事，他在过去还做了很多恶，搞死了无数公司。其实很多被他搞死的公司技术更好，给大家提供的服务更便宜。如果那些被他搞死的公司还活着，世界是否会比现在更好是个未知数。"

随后，这位教授又说，盖茨或许不是最好的例子，他用盖茨举例只是因为我们都很熟悉盖茨。世界上有很多位高权重的人，他们的贡献是正是负很难讲。比如，有人认为美国历史上的总统至少有四分之一对世界的贡献是负的。

最后，这位教授对我说，五年后再看看自己，你一定会承担更多的责任，因为世界需要有人来做具体的事情；然后再过五年，你会有更大的影响力，只要你能做实事，不迷恋权力。

到现在已经有十几年过去了，我还是经常想起他的话。

一个人有影响力和有贡献是两回事。如果一个人只是有权力，却不考虑自己是否为社会做出了贡献，那他行事的结果究竟如何，就只能看他的能力水平和意愿了，而这是一件不确定的事情。一旦他造成的损失超过了他做出的贡献，他就会很快被周围的人抛弃。我们经常看到某家大公司的 CEO 或者高管黯然离职，职业生涯从此画上句号，就是出于这样的原因。

如果一个人一味追求权力和成功，而忘记了真正对他人有意义、对社会有贡献的事情是什么，那他就很容易走上歪路。而在获得权力的同时，他的职业生涯可能也快到头了。

**放弃穷人思维**

大部分学生都要靠父母供养，而对普通家庭来说，供养一个大学生的负担是很重的。因此，大学生的生活不可能太富裕，有限的钱要省着花，也难免会花很多心思去考虑如何省钱。但当一个人走出学校，有了一份还算稳定的工作，收入能保障基本生活，那就要彻底放弃穷人思维了。换句话说，做人的格局不能太小了。

什么是穷人思维？罗伯特·清崎（Robert Kiyosaki）在《富爸爸穷爸爸》一书有很多论述，这里就不赘述了。不过，我不太喜欢用"穷人""富人"的说法，因为这带有一点歧视性色彩。我更喜欢讲格局的大和小。**人一旦开始工作挣钱，就要不断把自己的格局做大；如果格局太小，个人发展的空间就会很有限。**具体来说，可以从以下几个方面入手。

**首先，不要再给自己创造不必要的选择。**

人在经济条件不好的时候，比如学生时期，不得不过得节省一些，有时甚至不得不把一分钱掰成两半花。而在省钱的同时，你也不知不觉地把宝贵的时间和精力花在了一些非常琐碎的权衡上。比如，买一件衬衫要在网上甚至实体店来回比价，反复思考买什么颜色、哪种款式，最后花在纠结上的时间比做这件事用的时间多得多。

有人总希望能少花钱、多办事，于是把大把的心思和精力都花在这上面。然而，所谓的"多快好省"其实在逻辑上就是矛盾的。如果你觉得自己能做到多快好省，那你一定是在别的地方付出了代价。

一般来说，花多少钱就办多少事，不要纠结如何能将一分钱掰成两半花。比如，像"双11""618"这种促销活动，其实根本没必要在上面花心思。我在美国生活了25年，只在"黑色星期五"的促销日买过一次东西，那次我省了50美元。即使我每年都在"黑色星期五"参与抢购，25年来也只能省1000多美元。你要明白一点，在这样的促销活动中，很可能并不是你买得越多省得越多，更有可能是你买得越多浪费越多。

更有害的是，人一旦习惯了在做事时总想占点小便宜，心思就难以集中到做事本身上了。如果你还是学生，经济没有独立，空闲时间很多，有这种思维情有可原。但如果你已经工作了，开始把自己的时间投入到做事上了，再把大量的时间和精力花在这种没必要的选择上，格局就太小了。生活中不得不做的选择已经太多了，实在没必要再给自己增加不必要的选择了。

**其次，要面对现实。**

美国有句俗语叫"穷人爱算命"，是说穷人指望通过算命来改变命运。这就是典型的格局太小了。毕竟我们都知道，命运是不可能通过算来改变的。这句话背后所隐藏的，其实是一个人不愿意面对现实，幻想着天上掉馅饼来改变自身处境的心理，这样的人自然很难改变自己的命运。

人是很有意思的动物，越是时运不济，越容易相信奇迹会发生在自己身上，甚至一心想着好事，忘记了防范未知的风险。

然而，生活中更常见的情况是，梦想中的好事没有发生，反倒是因为没有应对方案，在倒霉的事情发生之后，灾难性的后果被进一步放大。

**最后，要专注于自己的事情，不要操不该操的心。**

你可能经常会在媒体上看到这一类标题——"亚马逊股价暴跌，贝佐斯财富大缩水"，然而读一下内容，就会发现亚马逊的股价只不过跌了3%。其实，关注贝佐斯的财富少了多少对大多数人没有任何意义，只是在浪费自己的注意力而已。当然，有些人总有点幸灾乐祸的想法，贝佐斯的财富少个几十亿美元能让他们感觉舒服一些。但他们也不想一想，贝佐斯一天跌掉的钱，比他们几辈子挣的都多，有工夫当这种"吃瓜"群众，不如想想能做点什么让自己早日还清房贷。

在学生时代，你的经济还没有独立，接触的社会范围也有限，格局小一些很正常。但工作几年之后，就该改一改过去的思维方式，格局大一点了。也只有这样，你才有可能实现阶层的提升。

## 不妨宽容

在学生时代，人们有时不得不在对与错之间进行选择，选错了，考试就要丢分，久而久之，就养成了非此即彼、非黑即白的思维方式。人们会说在这个问题上张三是对的，李四是错的；或者对于这个问题，第一种做法是对的，第二种做法是错的。进一步发展下去，就难免会喜欢对别人的对错评头论足，甚至不能宽容自己认为不对的人和事。这不得不说是当下教育的一个失败之处，因为世界上的事很少是非黑即白的，即便有些事能分出对错，有时这种对错也不是很重要。

我接触过一些年轻人，他们对别人的苛刻程度让我感到吃惊。即便是对在历史和现实中做出了巨大贡献的人，他们依然喜欢谈论人家的不足之处，以显示自己的高明或公正。比如，我在《硅谷来信3》中介绍了很多对人类文明做出了巨大贡献的人，包括孔子、佛陀、柏拉图、亚里士多德、莱布尼茨、休谟、尼采、维特根斯坦等。对于这些人，我内心总是怀着一份敬意。但很多人总是会"热心"地向我指出他们的局限性，比如佛陀的做法不切实际，亚里士多德在物理学上犯过错误，尼采最后得了精神病，等等。

实际上，我们都知道世上没有完人，即使是那些对人类文明做出了巨大贡献的人，依然有很多缺陷，犯过很多错误。只不过对于这些错误，我的态度一向是知道就好，不去深究，也不会因为自己在几百几千年后知道了他们的错误而觉得自己有什么了不起。对于先贤，更好的做法是学习他们思想中的精髓，而不是凭借指出他们的错误来彰显自己的高明。

如果一个人对先贤都如此苛刻，那他对身边的人就更不会宽容了。毕竟，如果一个人从先贤身上学到了知识，却反过来嘲笑他们的局限性，那他在生活中又会何其自大呢？这样的人不仅很难交到朋友，还会因为看不到他人身上的长处而失去学习的机会。

在学生时代，或许你还可以年轻气盛；可一旦进入社会，你就要学会如何恰当地对待他人，如何与他人合作了。如果不懂得合作，你就很难在这个时代取得成功。

\*

总而言之，在走出学校进入社会之后，你要给自己找对人生目标，要做正确的事，而不是模仿他人；在解决了温饱问题之后，你应该抛弃穷人思维，不再纠结于琐碎的事情，否则就会没有时间和精力做大事；你不仅要对先贤宽容，更要对身边的人宽容。其实，把这三点归结成一点，就是要提升自己的格局。**思维方式的改变，是一个人走向成熟的必经之路。**

## 掌握职场中的
## 行事智慧

几年前,我在《态度》一书中转述了撒切尔夫人的一段话:

注意你的想法,因为它能决定你的言辞和行动。

注意你的言辞和行动,因为它能主导你的行为。

注意你的行为,因为它能变成你的习惯。

注意你的习惯,因为它能塑造你的性格。

注意你的性格,因为它能决定你的命运。

那么,什么样的想法和行为要不得呢?严格来讲,没有什么想法和行为一定是不好的,毕竟只要每个人都能接受自己的命运就好。但如果你想过得好一点,多受到一分尊重,多有一点成就感,就最好多培养一些正确的想法和行为。从学校到职场恰好是一个易于做出改变的转折时期,在这一时期,不妨留意一下下面五个要点。

## 不要相信存在捷径

很多人一生都沉溺于"走捷径",最后却发现在关键时刻做出的选择都是最坏的。事实上,世界上很少有捷径。那为什么有很多人相信捷径存在呢?有些人是不想花什么成本,却想获得巨大的收益;还有些人则是从小被一些心灵鸡汤误导,真的相信凡事都有捷径。无论是哪一种,其结果都是被"捷径"这个词误导,最后一事无成。

为什么说捷径通常是不存在的呢?你从北京去一趟上海就明白了。无论是自己开车,还是坐高铁或者坐飞机,通常走的路线和飞的航线已经是最快的了。如果有人一定要较真,说飞机起降时绕了路,其实有更短的捷径可以走。对不起,那样做就违规了,因为省下的一点时间远抵不上所承担的风险。

具体来说,我认为捷径通常不存在有三个原因。

首先,人类进步到今天,各种做事的方法,能优化的已经优化得差不多了。除非出现新的重大变革,否则在这个基础上找捷径,多少有点痴心妄想。这就如同从北京到上海的路线,几百年自然进化下来,那条人走出的路基本上就是最便捷的。即便它在某些地段不是直线距离,看似可以进一步缩短,但那些看起来更短的路,要么需要翻山,要么需要架桥,走起来并不划算。我这么讲并非否认各种做事的方法还有优化的余地，而是想强调，从概率上讲，找到别人都不知道的捷径的可能性小到可以忽略。

其次，我们都受到自身和外界条件的限制。比如，平时在读书和学习时，书要一行一行地读，课要从前往后按照正常速度听。是否有捷径？能否一目十行地快速阅读？或者双倍速地播放音频学习？对绝大多数人来讲，这样做的效果并不好，因为人接收信息的带宽其实很有限。读快了，听快了，要么跟不上，理解不了，要么会漏掉重要的信息。然后，为了把没理解的内容搞懂，或者补上那些漏掉的信息，需要花更多的时间。

最后，很多看似捷径的道路和方法，其实都是禁区，碰不得。比如，有人不愿意花时间复习，就在考试的时候作弊。这样能不能考高分呢？或许某次老师没发现，他们侥幸得手了。但是，这种违规做法的害处比收益大得多。一旦被发现，便会名誉扫地，且以后机会尽失。即使没被发现，养成了作弊的习惯，学习能力也会永远不能再提高，这无异于捡了芝麻丢了西瓜。今天网络上有句玩笑话，"赚钱最快的方法都写在刑法里了"，说的就是这个道理。

这些道理其实很多人都听过，但他们依然相信存在捷径，并且热衷于寻找捷径。这又是为什么呢？

很多人相信存在捷径，是拜那些编出来的心灵鸡汤所赐。比如，小学课本中有一个鲁班造锯的故事。相传，鲁班有一次要带着大家在很短的时间里盖一座宫殿，需要砍很多树。但是，当时还没有锯，大家只能用斧子砍，速度很慢。鲁班等人再努力也无法按时完成这项任务。有一天，鲁班到树林中寻找合适的木料，手不小心被毛草割破了。他很好奇，这么软的毛草怎么能割破手呢？经过仔细观察，他发现这种毛草的叶子边上有很多小齿。于是，他受到启发，发明了锯子，之后很快就完成了盖宫殿的任务。正是因为这个故事，很多人就得出了一个结论——做事情要找捷径。

事实上，锯子根本就不是鲁班发明的，更不是这么发明出来的。早在殷商时期，中国就有了铜锯。在更早的新石器时期，就有了带齿的石器工具。从那种石器工具到金属锯，中间历经了几千年的改进，没有什么捷径可走。

还有人相信存在捷径，是因为不了解这个世界的规律。比如，很多人希望通过炒股实现财富自由，因为觉得这是一条致富的捷径，远比上班容易得多。但是，股市投资自有其规律，而这种规律很难让普通人暴富。有些人觉得单靠自己的积蓄来投资增长不够快，于是加了几倍的杠杆。但他们不知道的是，这样有可能亏钱更快。全世界的人在股市上尝试了几百年，最后无不证明并不存在什么快速致富的捷径。

在现实生活中,我们有时会看到一些人的成功来得似乎很容易,于是就觉得他们有什么捷径。其实很多时候,**那些所谓的成功捷径,只不过是有人十年挖了一口井,而大部分人是一年挖了几百个坑。**

## 不要成为自相矛盾的人

我们都知道,自相矛盾的话不可能是对的。但很多人在想法和行为上却是自相矛盾的,其结果就是南辕北辙,白白浪费生命。当然,很多人不会承认自己是自相矛盾的人,反而觉得自己很有逻辑,很理性。

举个例子,今天我们都承认中国正在繁荣发展,天天都在说实现了大国崛起和民族复兴,这是我们都认可的大前提,恐怕没有人会反对。但说到自己的职业发展和对未来生活的展望,很多人却又觉得社会上已经没有了机会,自己怀才不遇,施展不了抱负。这就叫自相矛盾。毕竟,如果绝大部分人都没有机会,国家和社会就不可能繁荣发展;如果国家和社会正在繁荣发展,就不可能大部分人都没有机会。如果某个人没有看到自己的机会,那大概率是他自己的问题,应该从自己身上找原因。

再举个例子。不知道你是否考虑过这样一个问题：为什么北上广深的房价怎么调控、限制都降不下来？有人说是因为房源太少，或者富人拥有了太多房子，但这并不是事实。北上广深等城市的房源并不少，而且大约十年前就开始有限购措施了。这些城市房价居高不下最根本的原因是它们发展得足够快，创造了太多的财富增长机会，使得这些城市中能接受这个房价的人足够多，他们支撑起了房价。

但是，很多人却希望一线城市的房价能低到每个人都负担得起。如果自己负担不起，就希望政府能把房价压下来，让他马上能买得起。这就是自相矛盾的想法。因为如果是市场的原因导致房价低，那说明当地经济不活跃，所有人的收入都高不了。在这种情况下，即便房价低，大家也未必买得起，因为没有工作机会，但凡衰退的城市都是如此。即便有工作，在这样一个地方，死守着一套房子也没有意义。如果是靠政府把房价限制在所有人都能买得起的范围，就会导致全国的人都涌向这些城市，结果是你有钱也买不到房子。

事实上，大多数自然演化出来的结果都符合逻辑，且收益和付出总体而言相一致；一些人为设置的结果则难免自相矛盾。**一个人想以远比他人低的代价，来获得与他人同样的结果，甚至是比他人更好的结果，就是自相矛盾。**

自相矛盾的另一个表现是滥用辩证法。有人只学到了辩证法的皮毛，看到坏事就说也有好的一面，看到好事就说也有坏的一面。这是没有意义的，甚至会让人分不清到底什么是坏事，什么是好事。事实上，对于一件事到底是坏事还是好事，是存在一些基本判断标准的。

美国有的投资银行喜欢做一件自作聪明的蠢事，就是在投资失败后告诉客户来年可以享有收获损失（harvest loss）。什么叫收获损失？在美国，投资收入要交 38%～50% 的联邦税和州税，如果你今年投资亏了，就可以抵消第二年投资收入的所得税。比如，你去年投资亏了 1 万元，今年投资赚了 2 万元，那么你今年就只需要按照投资收入 1 万元来交税。这就相当于去年的损失让你今年少交了税，也就是所谓的收获损失。

但只要稍微算一下就知道，如果去年不亏损，今年投资收入 2 万元，交完 50% 的税，净收益 1 万元；而如果去年亏损 1 万元，今年按投资收入 1 万元来交税，税后的净收入也只有 5000 元，只有不亏损时的一半。投资银行的客户都不傻，如果一个基金经理总是把这种坏事说成好事，那很快客户就会撤资了。

现在有一种不好的风气，就是明明一件坏事造成了损失，有些媒体在报道时却喜欢强调"成功挽回了多少损失"。这和那些自作聪明的基金经理的做法很相似，把丧事办成了喜事。媒体如何姑且不论，但如果一个人在工作中也这样做，那就有问题了。因为无论是同事还是老板，其实都能一眼看穿你的想法。

**做错事造成了损失不可怕，可怕的是因为害怕担责任而文过饰非。**一个人工作几年后，就要养成就事论事的习惯，好就是好，不好就是不好。不好就要改进，早发现问题早改进，不能用自相矛盾的理论安慰自己，更不能讳疾忌医，把自身的问题推诿到环境和他人身上。

## 聚焦于重点，不节外生枝

有些人总喜欢证明自己是正确的，并且难免会为了证明这一点而与他人争论，甚至抬杠。其实很多时候，自己是正确的，自己知道就好，不需要他人认可。因此，很多不必要的口舌之争完全可以省去。

我在本书第二章会谈到一个问题：为什么有些人既聪明又努力，却过不好这一生？这种现象并不罕见。但是总有人喜欢抬杠，说难道不聪明、不努力就能过好这一生了吗？这就是犯了一个逻辑错误——一个命题成立，不等于它的否命题也成立。我之所以不讨论不聪明、不努力的情况，是因为这种情况早有定论，无须讨论。其实，抬杠就是最典型的节外生枝，把自己和大家的注意力扯到细枝末节的地方，忘记了原本讨论这个问题的真意。

喜欢抬杠最大的问题不在于讨人嫌，而在于因为经常节外生枝，不能聚焦于重点。在学生时代，不能聚焦于重点无伤大雅，一个问题讨论不出结果可能也无所谓，说不定还有人夸你思维天马行空。但进入社会和职场之后，你就要在特定的时间内解决特定的问题，必须得到一个结果了。而这时，天马行空、节外生枝只会降低你的效率。

那到底该怎么做呢？具体来说，要明白自己主要的职责是什么，不是自己职责范围内的事情，要衡量清楚做不做，不要来一件事就答应一件事。在单位里，如果别人犯了什么无伤大雅且与己无关的错误，不必多事。反过来，也不必因为别人不了解你而不满，人不知而不愠是成熟的表现。一个不能聚焦于自己的职责，却老给别人挑毛病的人，是很难受到认可的。

**学会低调**

曾几何时，低调被认为是中华文化中的一种美德。但今天，很多人却觉得低调会让自己得不到很多机会，甚至认为凡事三分靠做，七分靠吹。其实这是一种想当然的认知，事实恰恰相反——过分高调不仅不能提高你在他人心目中的地位，有时还会招人嫉恨。

初入职场的年轻人很容易在无意间踩到一颗"雷"，原因就是在做出一点成绩之后，希望所有人都知道。这种想得到大家认可的心情无可厚非，但客观来讲，这也容易给自己带来麻烦。当然，我不是说你做出成绩后只能藏着掖着，你可以让老板、合作伙伴和可能给你写评语的同事了解，但没有必要太过招摇，因为你不知道有些同事知道之后，是否会出于嫉妒在背地里对你使坏。

对于同一件事情，你作为行动者的感觉，与他人作为接受者、观看者的感觉很可能大不相同。比如，你买了一辆漂亮的豪华跑车，在街上开着，觉得春风得意，但街上其他人的感受可能和你完全不同。在美国，有人做过这样一项调查：看到街上有一辆豪车飞驰而过，你对开车的人会有什么感觉？结果显示，大部分人的第一反应不是这个人努力工作获得了了不起的成就，而是会觉得他是一个喜欢炫富的人，甚至可能会毫无道理地觉得他是一个纨绔子弟或者黑心资本家。路人对豪车主人的评价可能影响不到他，但在单位，同事如何看你却会实实在在地影响到你。

当然，也有人会说，我不在意别人的评论，走自己的路，让别人说去吧。但进入社会后,你要明白一个道理——每件事都有后果和代价。比如,一个人在有了一点成就后马上买了辆几百万元的豪车招摇过市,最直接的结果是什么?是自己账上少了几百万元。甚至有人会在那种心态下贷款买车,这就更糟糕了,因为这是在拿未来的灵活性去换一时的愉悦和所谓的风光。

如果一个人总喜欢把自己的成绩挂在嘴边,那么这不仅会影响他所处的人际环境,还说明他把很多注意力放在了过去,而不是未来。失去未来,比失去金钱更可怕。因此,**不要太看重已经获得的成绩,它只会成为你前进的负担;也不要刻意让所有人都知道你的成就,毕竟不是每个人都会祝福你的成功。**

**保重身体**

保重身体是所有人都懂,但很多人都不去践行的道理。很多人会说,我工作忙,没有时间锻炼身体。可实际上,每周多工作几个小时不会让你多几分成就,却可能会让你在步入老年时后悔不已。不仅如此,在疲劳的状态下长时间工作,还会让你的效率大幅下降,最后你的产出未必高,更不必说现在很多中青年人过劳死的问题了。

在清华读过书的人都知道一个口号叫"8-1>8",意思是从 8 个小时的学习或工作时间中抽出 1 小时锻炼身体，最后的产出反而会高出原先做 8 小时的。这不是简单地喊口号，而是在半个多世纪里被几十万清华毕业生不断验证过的，同时也是有理论依据的。医学研究表明，运动不仅能改善人的身体健康条件，还能让人的头脑保持清醒，心情保持平静。今天在美国，大约 75%～90% 的就诊者的病因都和心理压力有关，而运动会让人的身体释放内啡肽，帮助缓解疼痛和压力，还可以降低人体内压力激素（如皮质醇和肾上腺素）的水平。因此，经常锻炼对人的心理健康有很多益处，进而让人可以拥有更长的职业生涯，也可以让人在换工作或事业发展不顺时扛得住压力。

其实，一个人是否经常锻炼身体，与其说是有没有时间的问题，不如说是有没有习惯的问题。养成经常锻炼的习惯，一定会让你受益终身。而养成习惯，始于每天都行动——换上运动服和运动鞋，做一些最简单的动作，不需要任何高超的技能，更不需要多少钱，每个人都能做到。

\*

一旦进入社会和职场，你就要学会对自己负责，学会做一个理性、现实、就事论事的人。这并非难事。而只要养成了这样的思维习惯和做事方法，在一个好的大环境下，时间就会帮你获得成功。新世界的大门已经向你敞开了，千万不要辜负它。

## 别操不该操的心

相比于其他很多国家的人，中国人似乎是最爱操心的。我看身边的墨西哥人，一天挣几十美元，跑到快餐店两顿饭就吃掉二三十美元，还乐呵呵的。不仅墨西哥人和拉丁裔各民族如此，土生土长的美国人也差不多。就算是被我们认为非常理性的德国人、荷兰人和英国人，也没有中国人那么爱操心。

喜欢操心固然有好的一面，因为我们的古训是"人无远虑，必有近忧""天下兴亡，匹夫有责"，但这也会让人活得非常辛苦。如果只是为自己操心还好理解，但很多人还要为周围的人操心，甚至是为与自己毫不相干的人操心，这就有点过分了。事实上，操不该操的心，不仅不算有远虑，还可能让自己活得并不好。

我最初想起谈这个问题，是因为有些读者问我如何驾驭很多的财富，比如上亿元的个人资产，或者刚入职就开始考虑自己的职业天花板。这就属于操不该操的心。事实上，每个人在不同阶段所应关心的事情是不同的。过多的远虑不仅不能消除近忧，还会加剧近忧，甚至会让人长期生活在忧虑中。

我过去读书时所在的系出过一位大人物。他有一次回到系里，系领导和老师希望他跟年轻人谈一谈怎么在大学里立志的话题。但是，他并没有谈这类话题，而是讲了很多大实话，给那些有远虑的学生和有类似想法的老师泼了些冷水。不过，他讲的内容当时就让我有所触动，今天回想起来，他的话对绝大部分人来说依然有参考价值。

这位大人物讲，他在学生时代是不可能去考虑后来位高权重时要操心的事情的。毕业后，他去了工厂当技术员，每天和大家一样完成自己的工作，也不可能考虑工厂以外的事情，考虑了也是白考虑。后来他逐渐被提拔，当了厂长，也只能考虑工厂的事情，不会考虑所在城市以外和所在行业以外的事情。当然，他后来"官"越做越大，要考虑的事情也越来越多、越来越大，但总是在一定的范围之内。

听了他的话之后，我养成了一个习惯——**今天尽可能不去为明天的事操心，除非明天那件事和今天有关，这样就能活得轻松许多；当然，更不要为自己能力范围以外的事操心，因为那样不仅对自己无益，甚至还会有害于别人。**

为什么不需要过分为未来操心呢？因为没有人能预测未来，一个人在此时此地想象出的未来或者更大的时空都是不准确的。

比如，当你没有上亿元的财富时，你不用考虑如何驾驭 100 亿元的资产，也不用考虑如果有那么多钱该如何为社会做贡献。你今天可能会想，如果自己真有那么多钱，就拿出 90% 用于扶贫，毕竟只留下 10%，也有 10 亿元，够自己和家人花了。但等你真有了那么多钱，你可能就舍不得了。不信的话，你看看那些身家百亿的中外富豪，有几个真的捐出了自己 90% 的财富？他们甚至会觉得，钱由自己使用可以带来更大的社会效益，以至于能逃的税都逃掉，更不要说把大部分钱直接捐出去了。所以，在这时考虑未来都是白考虑。真等你有了 1 亿元之后，你可能需要提前考虑管理 10 亿元财富的问题，但这就足够了。当然，我讲对金钱的态度只是打个比方，便于理解，并不意味着你真的要去追求金钱。

有些人问我，往专才方向发展是否会很快遇到职业发展的天花板。说这种话的人可能还只是一个初级的专业人士。这种想法，和还没有 1 亿元的时候操心有 100 亿元的事情没什么两样。对绝大部分人来讲，他们最大的问题是一辈子都不能成为自己所在领域的顶级专才，以至于在没遇到职业发展的天花板时，先遇到了能力的天花板。因此，在成为顶级专才之前，操心职业天花板的问题实在是想多了。事实上，作为一个优秀的专才，是完全可以胜任在大型跨国企业担任中层领导，或者在政府部门做到处级甚至局级干部的。只有再往上做到大型跨国企业的老板，或者省部级干部，才需要既是专才，又是通才。显然，99%以上的人努力一辈子也碰不到那样的天花板。与其担心如何突破职业发展的天花板，不如考虑如何够得着它。

如果说为自己操心最多是害了自己，那为别人操心就有可能既害人又害己。比如，我们经常会在电视剧中看到许多为成年子女操碎了心的父母。孩子没结婚时，他们操心孩子的婚事；结了婚之后，他们又操心孩子的配偶或者下一代的事情。看了那些父母的表现之后，我们往往不会体会到爱，而是会感到一种发自内心的厌恶。当然，有人可能会说那是艺术作品对现实进行了夸大渲染。但事实上，这还真不是虚构的，我在生活中就见过不少这样的父母。

我有一位朋友，为人很好，在公司的职位也很高，但快40岁了还没有结婚，甚至连个固定的恋爱对象都没有。了解他底细的朋友告诉我，他不知道交了多少个女朋友，都被他母亲无意间搅黄了。原来，这位母亲一直坚持和儿子住在一起照顾他，而且儿子出个十天半个月的差，她就不放心了，要一起跟过去。这种情况并非个例。我还知道一位母亲，住在女儿女婿家，天天看女婿不顺眼，闹得家里鸡犬不宁。而且每当家里遇到矛盾，她就鼓动女儿离婚。每个人都有许多该操心的事情，但这样去替别人操心显然就搞错了对象。有人会说，我关心孩子，替孩子操心难道有错吗？其实，操心过了边界，就成了干涉他人的自由，还真有错。

替子女操心，子女即使不高兴，一般也不好意思"撕破脸"。但是，替周围其他人操心就不一样了，这不仅对自己和他人都没好处，还可能会让友谊的小船翻掉，甚至让原本的朋友反目成仇。很多人会想，小张是我朋友，我要是不把这件事告诉她，她不就被蒙在鼓里吗？或者，我要是不替她出头，她不就吃亏了吗？之所以有这种想法，是因为你太把自己当回事了。小张有自己的生活，过得好不好是她自己的事情，不需要别人操心。

如果了解一些雍正（康熙四子胤禛）夺位的历史，你可能知道他在争夺皇位的过程中有两个最大的政敌——他的八弟胤禩和九弟胤禟。胤禟并不像很多小说里写的那样，是一位只会搞阴谋诡计的纨绔子弟。史书上讲，他好读书，性聪敏，喜发明，甚至精通拉丁文和西学。由于胤禟善交朋友，为人慷慨大方，重情义，因而在各个阶层有很多支持者。当然，正是因为如此，他被雍正深为忌恨，后来雍正不仅圈禁了他，还令其改名为"塞思黑"，就是猪的意思。曾经得到胤禟救助的山西百姓听到这件事，欲聚合山陕兵民，以救恩主，还派代表扮作买卖人千里迢迢赶到北京见胤禵。胤禵得知消息后说,"我们弟兄没有争天下之理",意思是你们想多了,不要管闲事了。有的历史学家将胤禵这句话解释为保护其他人不受牵连;有的则将其解释为即使身陷囹圄,胤禵也觉得自己属于皇亲贵胄,国家的事只有他们这些人有资格讨论,百姓无权过问。不管哪一种解释是准确的,那些想为胤禵出头的人都是替别人操心操多了。

今天还有很多人不仅喜欢替周围的朋友操心,还喜欢替跟自己八竿子打不着的人操心。比如,时常有年轻的工程师朋友问我,最近比特币暴涨或者暴跌,会对经济有什么影响;最近美联储要退出量化宽松的货币政策了,人民币会不会贬值;或者某家房企爆雷了,是不是经济要下行。其实对于这种事,有些人该操心,有些人则完全没必要操心。如果你从事的是金融方面的工作,或者在研究机构研究经济,又或者全部身家都押在了比特币上,那这种心还可以操一操。否则,这些事情就算真的发生了,跟你的关系也不是很大。

有些人会说,不是有蝴蝶效应的说法吗?南美洲的蝴蝶扇扇翅膀,还会导致亚洲产生风暴呢,那些事怎么能说和我无关呢?其实,亚洲发生风暴的主要原因显然不是南美洲某只蝴蝶扇了扇翅膀。试想一下,南美洲少说也有上百万只蝴蝶,每只蝴蝶每天不知道要扇多少下翅膀,但哪有那么多风暴发生呢?

同样，比特币的暴涨或暴跌就像家常便饭一样，美联储的货币政策永远在量化宽松和退出量化宽松的周期中循环，中国的房企有几千家，前面讲的那些事隔三岔五就会发生，全世界70多亿人不是该怎样活还怎样活吗？哪儿需要你操心呢？

其实，一个人能操的心是个常数。你在这方面操了心，就无法在其他方面操心；在别人身上过度操心，就无法在自己身上操心了。因此，有时我会半开玩笑似的对那些向我提出上述问题的年轻人说："你们的购房首付攒齐了吗？""你们的房贷还清了吗？""如果还没有，不妨现在回单位加班或者回家学习，不要为比特币、美联储和中国的房企操心了。"

当然，关心世界和社会本身并不是什么坏事，但要搞清楚它和瞎操心的区别。如果你真的忍不住要为未来和他人操心，那我的建议是把操心的范围提升一级就足够了。如果你是中学生，可以为读大学操操心；如果你想关心世界，不妨关心一下未来的世界需要什么样的人才，哪些专业会更有用；如果你是大学生，可以为找工作操操心；如果你是新员工，可以为拿到高级职称操操心；如果你是部门经理，可以为总监操操心。但是，如果你是中学生，却为将来的结婚生子操心；或者你是大学生，却为退休后的生活操心；又或者你是一个小处长，却去为整个国家操心，那就真是想多了。

**一个人的快速进步，从懂得什么事该操心，什么事不该操心开始**。你不妨看看古今中外和身边的人，有哪位瞎操心的人最后能成大事呢？

# 避开这些坑
# 再谈创业

我在硅谷从事投资工作多年,经常会邀请一些行业内的成功者给我们投资的年轻创业者分享经验,或者为他们推荐一些讲座去听。这些讲座的报告者都无私地分享了自己宝贵的经验,就连我听了也觉得受益匪浅。虽然听众主要是创业者和初入职场的年轻人,但这些讲座的内容其实也适合其他人。其中,最值得一提的是投资人马克·库班(Mark Cuban)和心理学教授乔丹·彼得森(Jordan Peterson)的分享。

**大学生创业失败的三个原因**

马克·库班是 NBA(美国职业篮球联赛)球队达拉斯独行侠队(过去叫达拉斯小牛队)的老板,是一名亿万富翁。当然,他的富有主要不是因为经营体育项目,而是因为他创办了在线视频网站 Broadcast.com,并且在 1999 年以 57 亿美元的天价卖给了雅虎。

作为一名IT（信息技术）界的"老兵"和投资人，库班自己也会辅导创业的年轻人。他曾经在分享中讲过大学生创业失败的三个原因。

**第一，有的大学生创业者脑子里有太多"傻问题"，自己却又犯懒不去搞清楚。**

我们常常说"没有傻问题，任何问题都是好问题"，以此鼓励年轻人多问问题。但是，这并不意味着有好问题就该问人。很多简单的、很容易找到答案的问题，创业者最好还是主动一些，自己去找到答案，而不是什么都去问人。库班讲，这样做有两个好处。

第一个好处是可以降低创业的成本。创业者会遇到很多问题，如果每个问题都去请教别人，成本是很高的。比如，遇到了简单的法务或者财务问题，你可以请两个专家帮你解决，也可以去问专业人士，但这都需要成本。对于那些创业者必须知道的基础知识，你需要自己努力学习。只有遇到自己解决不了的问题，或者靠自己解决从时间和精力上来说不划算了，才应该去请教别人，让别人帮忙解决。

第二个好处是能形成主动学习、主动寻找答案的习惯，这比学到的知识本身更有意义。库班讲，他有时会遇到一些大学生问他一些在维基百科或者通识读物中就能找到答案的问题，对此他从不回答。因为他觉得，如果一个人连维基百科都懒得查，或者连视频网站上几分钟的视频都懒得看，那他永远都成功不了。比如，商业税的税率是多少、哪些常见的企业支出能抵税，这种简单的问题在网上一搜就有答案，都应该自己搞清楚。

库班强调，当一个人有了学习的习惯，学会了自己钻研和解决问题，他就有了很强的适应性。这对创业者来说很重要，因为创业者所面临的世界总是在变化。创业从来不是做一个你在脑子里事先想好的东西，它本身就是一个学习的过程。我个人觉得，这一点是对所有人都适用的。即使不创业，没有成本问题，养成主动寻找答案的习惯也能让你受益终身。

**第二，没有能力控制成本。**

作为一个初创企业，要想和行业里的其他企业竞争，就必须具有成本优势。看到这里，一些创业者可能会想问：我的企业那么小，资源那么少，怎么和大企业在成本上竞争呢？对于这样的问题，库班毫不客气地讲，那是你们的事情，无论如何，世界上不需要一家高成本的新公司存在。

很多年轻人会说，我还年轻，请再给我一次机会。但库班讲，说这种话说明你的思维还停留在校园里，因为只有老师才会觉得你年轻就该照顾你,该给你机会,而市场不是这样的。他说,你之所以创业,是因为你要么有技术,要么有其他方式可以降低做某件事的成本。如果没有这类优势,那你为什么要创业呢?

**第三,准备不足,这是大学生创业者最大的问题。**

通常,大学生在创业时不仅会低估创业的难度,还会比已经涉足过职场的创业者忽视更多的问题。大学生在学校需要自己解决的问题可能只有三五个,于是他们以为创业也许需要解决 100 个问题,而一旦踏入社会,他们遇到的问题可能有 1000 个。而且很多时候,一些意想不到的小问题会成为摧毁千里长堤的蚁穴,很多年轻的创业者面对这些问题就傻眼了。

当然,很多问题并不复杂,如果创业者愿意学习,自己动动手就能解决。但问题在于,如果事先准备不足,当遇到某些问题时,你就已经没有时间去解决了,毕竟创业是一件争分夺秒的事。

而在那些经常被低估的问题中,最常见、最普遍的就是对市场不了解。有的人理解的市场只存在于自己的大脑中;有的人虽然大致知道市场是怎么回事,却不了解细节,甚至不了解自己的竞争对手。比如,当你看到一家企业在某个领域耕耘了 5 年甚至 10 年,却只获得了 1% 的市场份额时,你会怎么看待它？是觉得这家企业本事不够，做得不好，你上就能行；还是会思考一下，认识到这个市场可能比你想象得更复杂，你那些点子其实别人都已经尝试过了？所谓"了解市场"，就需要你能够回答这样的问题。你必须有所准备，否则，当你发现你所谓的创意不过是被别人抛弃的失败方案时，你会觉得自己的根基被完全动摇了，世界也变得一片黑暗了。

库班强调，大学生创业者之所以没有行业里的"老兵"那么容易成功，这是一个很重要的原因。一个行业里的"老兵"，只要平时留心，就能在无意间了解到市场的很多细节。很多事情大学生创业者觉得特别新鲜，但对"老兵"来讲已经是常识了。

库班的这套分析不仅适用于理解创业本身，也可以帮助我们了解自己职业发展不顺利的原因。比如，很多人虽然做了某项工作很多年，却不了解它的意义。这样一来，他们自然无法懂得如何将这项工作做得更好。

分析完常见的失败原因，库班还给了年轻人一个非常有价值的获得成功的建议——**永远只依赖自己的核心竞争力，而不要把自己的命运交给靠不住的各种因素**。你的学历、同学关系、家庭因素、校友网络，在关键时刻可能都指望不上。很多人觉得自己创业成功的条件掌握在别人手里。比如，有的人觉得，要是有个贵人帮我就好了，要是投资人正好和我想法对路就好了。但是，如果你必须依赖掌握在别人手里的先决条件才能成功，那你大概率是成功不了的。现实情况是，当你能够做得比同行更好时，自然会有人来帮你。因此，当你找到自己的核心竞争力，并且将它发挥到极致时，别人就会看到，并且来帮助你。

听了库班的分享，我投资的那些创业者都很受启发。他看似在"泼冷水"，其实是在提醒创业者少走弯路，而且要重视自己的核心竞争力。当然，他讲的这些观点最多是构成创业成功的必要条件，并不是充分条件。

## 对自己做的事负起责任

关于创业，多伦多大学心理学教授乔丹·彼得森在一次视频讲座中提到的一个观点，我觉得年轻人都要好好听一听、想一想。

彼得森教授讲，**年轻人要想避免一事无成，关键是要对自己做的事情负起责任**。他说现在一些主流的想法很不好，过分强调兴趣和快乐。这些想法会对年轻人产生不好的影响，比如让年轻人不能对自己的工作和事业负起责任，遇到麻烦和痛苦的事情就退却，导致最后能得到的最多也就是一些简单而又廉价的快乐。

无法负起责任的人就像童话中的彼得·潘，是永远都长不大的孩子。他们也许天真活泼、勇敢无畏，但也缺少目标和责任感。彼得森教授讲，今天很多年轻人想着再过几年自己自然就会成熟起来了。但实际上，一个没有责任感的人永远都不会成熟。

举个例子。我见过的最聪明的人是我过去的一个下属。他从小上的是美国最难考进的中学，然后进入了人均成才率最高的大学，在整个谷歌，没人比他更擅长解决各种智力难题。但是，他在工作方面却一无所成，在谷歌没坚持几年就被迫离开了。为什么如此聪明，受过如此好的教育的他会是这个结局呢？其根本原因，甚至可能是唯一的原因，就是他对自己的事情担不起责任。

比如，我曾经把一个项目交给他做，但等项目要上线时，却找不到他这个人。原来他为了自己的业余爱好，飞到了1000英里[1]以外的地方。于是，我不得不替他值班。后来，我又安排

---

1　1英里 ≈ 1609米。

他做一个新的项目，但他自始至终都没有搞清楚用户的需求，以至于用户不断给出负面反馈。后来我们了解到，每次收到用户的反馈，他都直接放进档案箱了，能不处理就不处理。一年后，我的老板建议是否可以给他换一个组。因为在组里大家都知道他有担不起责任的名声，他便爽快地答应了。但在新的岗位上，他依然缺乏责任感，不久之后就离开了谷歌。

虽然这个同事的情况有点特殊，但在工作中，真正能让人放心地交代工作的年轻人，占比真的不算太高。如果一个单位有这样的人，他们通常晋升的速度会非常快。

很多人会觉得，人年轻时缺乏责任心并不奇怪，因为他们还不成熟，等他们成熟起来，就有责任心了。事实上，很多人成熟的速度永远跟不上他们自然年龄增长的速度。有的人在30岁时，能够凭借一些经验应付20岁时的问题，比如对老板交代的工作负责，但却应付不了30岁的问题，比如对家庭负责。等到了40岁，他们能够应付30岁的问题，比如对配偶负责，但这时却很可能又有更大的责任要承担了。从表面上看，30岁的他们比20岁时"成熟"了，40岁的他们也比30岁时"成熟"了，实际上却永远慢了世界一拍。

我让我们投资的那些年轻人都去听彼得森教授的讲座，然后开玩笑地对他们说,你们要对我们的投资负起责任。当然,更重要的是对自己的人生负起责任。

*

我将上述关于创业的建议总结成了以下几点:

1. 养成学习的习惯;
2. 培养核心竞争力;
3. 遇事多做准备;
4. 对自己的人生负责。

其实这几点不只适用于创业者,也适用于每一个对自己有一定要求的人。如果你能做到这几点,那无论是自己创业还是从事其他工作,成功的概率都会高很多。

## 学会与自己和解

从本章一开始,我就讲了通过逐渐改变自己的想法和做法养成一些好的习惯,可以达到让自己过得更好的目的。但是,即便我们再努力,做得再好,也难免会遇到挫折和意外的打击,甚至可能会遭遇灭顶之灾。比如,我们难免会在学业、事业和爱情上遭受挫折,难免会有亲人去世,有些人一生会有一次甚至几次不得不和一起生活了多年的配偶离婚……人生的这些坎儿要怎么迈过去?我们该怎么办?每次看到这样的问题,我总会想到一句话:与自己和解。

**外伤和内伤**

我们之所以会感到痛苦,除了一些客观原因,很多时候是因为自己内心的纠结。我们总是难以摆脱这种念头:如果当初我做了什么事,就不会有这样的悲剧了。比如:

- 如果我考试的时候再仔细一点，那道选择题选的是A而不是C，我的成绩就能提高3分，就能被第一志愿的学校录取了。
- 如果我多花一些时间陪伴父母，现在就不会这么后悔了。
- 如果我答应了妻子提的那件事，我们就不会爆发这么大的矛盾，现在也不会走到离婚的地步了。

……

痛苦、后悔、纠结……这些负面情绪几乎每个人都难以避免，有时我真的很怀疑它们是否已经被刻在了人类的基因中。

如果说挫折和灾难给人造成的伤害是一种外伤，那么对自己的不原谅和内心过分的纠结给人造成的则是一种内伤，这才是最致命的。虽然客观上讲，人在经历了挫折和灾难之后需要自我反省，如果有事情做错了，也需要否定过去错误的做法，但如果这种否定成了一种持续性的情绪，就会让人变得焦虑、抑郁、失去自信。而且，因为害怕再次受到伤害，有的人会把自己紧紧包裹起来，失去迈出下一步的动力。

我们身边都有很多这样的例子。比如，有人失恋之后，对爱情从向往变成了恐惧；很多开车的新手在经历了一次剐蹭之后，就再也不敢开车上路。这种情绪的杀伤力，比经历的那件事本身的杀伤力更大。

中国有句古话，叫作"一朝被蛇咬，十年怕井绳"，讲的就是这个道理。通常，一个人猛然遇到一条蛇，即使没有被咬，也会被吓得不轻；再见到蛇，身体就会自动紧张起来，甚至看到类似的东西就会触发这种反应，忘记了思考和判断，本能地只想逃跑。

同样，那些已经过去的挫折和灾难往往也会启动身体的生理反应：一想到那些事情，人就会开始紧张，体内的激素水平发生变化，甚至表现在躯体上，身体开始颤抖，心跳开始加速。那么，我们该怎么应对这种生理反应呢？

## 将关怀给予自己

其实我们可以冷静地想一想，当亲人或者好朋友受到伤害痛不欲生时，我们会怎么对待他们？我们会去关怀他们。具体来讲，也许是静静地听他们诉说，也许是安慰他们。如果需要的话，我们也会陪伴他们、抱抱他们。我想，绝大部分人是不会在这种时候去责怪亲友的，而是会接受他们的过失，理解他们的情绪，甚至还会去照顾、关爱他们。

对待亲友是这样，对待自己其实也可以这样。在挫折和灾难发生之后，当然要总结教训。但接下来需要做的，是与自己和解。

我们也需要给予自己关怀和爱。这种做法在心理学上叫作自我关怀（self-compassion），英文中的 compassion 也可以用来形容母亲对孩子的体贴、照顾和保护。生理学上的研究表明，妈妈在关爱孩子时，体内会分泌催产素[1]。这种激素能够让人感到平静，减少焦虑，增加安全感和信任感。即使过去的灾难给我们留下了生理性的恐惧或者应激反应，我们也可以通过自我关怀来调节自己的情绪和生理状态。

**与自己的情绪共处**

在现实生活中，具体要怎么做才能与自己和解呢？很多人在遇到精神上的打击后，会寻求心理医生的帮助，而心理医生对他们的开导常常包括以下三点内容。

首先，要接受自己的情绪。在安慰朋友的时候，我们往往

---

[1] 虽然叫作"催产素"，但这其实是一种男女体内都会分泌的激素。

会对他们说,哭出来吧,哭出来就好受了。其实,哭出来就是接受自己的情绪。如果已经产生了低落、懊悔的情绪,没有必要否认它,不用强忍悲痛,因为那无法解决问题。即使悲痛被强压了下去,也会时不时地冒出头来。所以,不如接受自己的情绪,并适当地把它们释放出来。

其次,要理清楚自己的情绪。在安慰朋友时,我们会问他们的身体状态,现在感觉怎么样;也会问他们的精神状态,现在心里是怎么想的。在我们的引导下,朋友会开始梳理自己的想法,很多人在讲述和诉说的过程中情绪就能慢慢好起来。这其实就是理清楚自己的情绪。

但是,我们很少对自己这么做,反而常常陷在情绪里出不来。其实,很多心理医生和来访者谈话时,就是在引导来访者把自己心中的想法和感受都说出来。"说出来"是一个梳理自己内心的过程,经过这番梳理,自己的头脑会清醒很多。与自己和解,其实就是接受自己的情绪,引导自己把情绪抒发出来,这样自己的负面情绪慢慢地就理清楚了。

最后,要能够发现和承认自己阴暗的一面。人都有好的一面,比如很多人聪明、勤奋、行事果断、关心他人,等等。但我们也不得不承认,几乎每个人都有阴暗面。这种阴暗面不一定是什么罪大恶极的思想,但确实是我们性格、为人上的一些缺陷。比如，有的人自以为是、好面子、容易冲动、忽视家庭，等等。

我们平时会刻意压抑、无视自己的阴暗面，让自己显得坚强、阳光、有本事。但是，被压抑的那一面并不会消失。其实我们遇到的很多挫折和痛苦，就是由自己的阴暗面导致的，只是我们往往不愿意承认而已。

悲剧发生，实际上就说明那一面已经被压不住了，它已经对现实造成了影响。然而，很多人依然想去压抑、否认。比如，老王做某件事失败了，生怕别人说他能力不行，就越发不愿意承认自己能力有问题。但现实已经对他造成了打击，他内心深处也意识到了这一点，因此他再也不敢尝试去做这件事。即使后来老王的能力提升了，他心中也印刻着这次失败的阴影，内心深处仍然不相信自己，觉得自己还是会失败。很多人在内心深处藏着阴影的同时，表面上却还要表现得好像很强大，这就给他们造成了巨大的心理压力。

其实，每个人都需要发现并承认自己阴暗的一面。因为人不是神，总有弱点和缺点，只有承认自己的不足，才能宽容自己，才能理性看待自己的失败，也才能让曾经的悲剧成为我们生命中的一个"个案"，让它能够过去，不会长久地对我们造成影响。评价一个人时，我们有时会说他"没心没肺"。其实有时候,有些人的"没心没肺"就是做到了承认自己不是神,对自己宽容。

"和解"这个词究竟是什么意思呢?我们可以通过一个与他人和解的例子来理解。假如你和父母有矛盾,你们一直将这些事压在心里,后来就不来往了。有一天,或者是你,或者是你父母,希望彼此之间能够和解,应该怎样做呢?你们可能需要做很多事情,不同的情况下需要做不同的事,但有一件事是必须做的——找出那个让彼此渐行渐远的原因。比如,可能是你曾经想做一件事情,父母硬是不让你做,这件事压在你身上几十年,而父母甚至都没有意识到。要想和解,第一件事就是把这个"盖子"揭开,把那个原因找出来,梳理清楚,承认它确实造成了影响。对自己也是如此,要想与自己和解,就需要把一些"盖子"揭开,把一些事情理清楚。

**"除死无大难"**

我之所以认定需要与自己和解,是因为我坚信人除死无大难,没有什么过不去的坎儿。与自己和解,就如同留住了青山,之后总有重获光明的一天。

这里和你分享一个美国国父华盛顿的故事。我们都知道华盛顿是美国独立战争的领袖，一些传记文学把他的形象描写得非常高大，把他的军事才能和拿破仑相提并论。但实际上，华盛顿并不是什么军事天才，不仅不能和拿破仑相比，就算在美国的历史上也算不得名将。当初北美殖民地的大陆会议之所以将最高指挥权交给华盛顿，是因为其他人都没有军事经验，而华盛顿之前和法国人打过仗。虽然华盛顿之前打的大多是败仗，甚至自己还当过俘虏，但比较起来，他多少还有一点经验。

在独立战争初期，华盛顿几乎是打一仗败一仗。他手底下最能打的将军，也就是指挥了萨拉托加大捷的阿诺德将军，因为看不到希望，叛变跑到英国人那边了。如果华盛顿战败了就一蹶不振，那独立战争的结果还真不好说了。

但在整个独立战争期间，华盛顿一直像定海神针一样矗立在那里，成为北美殖民地几百万人眼中独立的旗帜，支撑着大家对胜利的憧憬。最终，华盛顿等到了转机——富兰克林从法国搬来了救兵。1781年，也就是独立战争的第七年，华盛顿指挥的大陆军终于在法军的帮助下取得了决定性的约克镇大捷，这才有了独立战争的胜利。

华盛顿一生经历了无数坎坷，但每一次他都从失败中走出来了。华盛顿是美国独立运动的领袖，身上扛着一个国家的命运，他都能做到接受自己的失败，接受自己，我们又何必让生活中的那些挫折变成一辈子过不去的心结呢？

*

我们每个人都快乐过，悲伤过，爱过，恨过。著名哲学家莱布尼茨说，今天发生的每一件事，都有过去合理的原因。同样，我们往前看，所有这些已经发生的事情，未来都会产生一个合理的结果。这个过程，塑造了我们每一个人。

在生活中，从来都是道理容易理解，做起来却千难万难。有时候我们需要的不是一个道理，而是一种心态——学会时刻保持与自己和解的心态，去面对生活中时常发生的烦心事。

当然，与自己和解不是对自己放任自流。恰恰相反，只有与自己和解，我们才能在挫折和灾难发生后再次站起来，继续努力前行。

# 一位父亲给女儿的
# 四个建议

2018年,我把自己写给女儿的40封信改编成了《态度》一书。后来,我听到了另一位父亲给他女儿的四个建议,觉得很有道理,而且适合所有年轻人。我对这四个建议做了一些解读,下面一并分享给你。

**不要做非此即彼的简单判断**

凡事不要做非此即彼的简单判断,这是那位父亲的第一个建议。

世界上有很多事情并不是非此即彼的,很多事情之间原本不是对立关系,没有必要把它们对立起来。比如,很多人会觉得,如果我花时间帮助别人,自己的工作就做不好了。其实花时间帮助别人不一定会影响自己的工作,除非你当下的工作截止日期就是第二天,做自己的事情的确和帮助别人产生了冲突。

否则，以一种非此即彼的心态看待这类事情，你就会把自己孤立起来。

恋爱中的人常常会抱怨对方不满足自己的某些要求，说对方这么做就是不爱自己，这也是一种非此即彼的心态。不满足你的某个要求，可能是因为对方确实难以做到，也可能是因为这个要求本身就不合理。如果非要把"能不能满足我这个要求"和"爱不爱我"放到对立面，那就是不够成熟的表现。

瑞士著名儿童心理学家、教育家皮亚杰把儿童和少年的心智发育过程分为几个阶段。在12岁之前，孩子智力发展不完善，只能做出对与错的简单二元判断。比如，孩子可能会说"如果不给我玩具玩，我就不跟你做朋友"之类的话。孩子用这样的方式交流，是因为他们只能理解这样简单的逻辑，也只能通过这种二元对立的方式表达自己的想法和利益诉求。可以说，凡事总想做出非此即彼的判断是孩子气的表现。

人在成年之后，智力发展成熟了，也有了一定的社会经验，就应该懂得世界上的事情并不一定是黑白对立的。有些事情彼此都不沾边，就更不能把它们刻意放在矛盾的对立面了。比如，有人觉得要是努力学习就没有时间锻炼身体了，于是挤压运动的时间；还有人觉得要是专心工作就不能照顾家人了，于是对家里的事情不管不顾。可是，但凡心智成熟，人就不会把上面这样的事情对立起来，而这就是长大的表现。

　　遗憾的是，总有一些人身体长大了，思维方式和见识却没有随之一同成长，仍然停留在小孩子的阶段，仍然抱着非此即彼的二元思维，在不矛盾的地方刻意制造矛盾，遇到真的矛盾又只会回避问题。结果就是把生活变得很累。久而久之，他们就会觉得自己好像什么都做不了，什么都不想做，人也随之变得迟钝、懈怠。很多人觉得自己很忙，没有闲暇时间，烦心事很多，这时其实可以考虑一下，有些麻烦和矛盾是不是自己造成的。

　　女性的感情通常比男性更细腻，她们有时会依赖感情做判断，可能更容易陷入所谓非此即彼的困境。建议这时可以跳出来看一看，用理性想一想。除此之外，有时还需要从另一个维度来思考问题。

## 不要只看他如何对你，还要看他如何对别人

　　那位父亲给女儿的第二个建议是：谈恋爱时，不仅要看对方对你怎么样，还要看他对别人怎么样。我觉得这句话说得很有道理，我父亲其实也对我说过类似的话。我自己在生活中，无论和什么人来往，都会注意他怎样对待别人，以及他喜欢接

触什么样的人。类似的话，我也分享给了我的女儿。

在恋爱中，追求者很容易做到温柔体贴、出手大方，平时甜言蜜语，动不动就送个小礼物，兜里随时装着巧克力。这些恋爱技巧不用教，谁都能会。至于海誓山盟，反正没有成本，恋爱一年可以比结婚后一辈子说的还多。但这只是他对待追求对象的方式。有人热恋时对女朋友千好百好，私下里对待其他人却粗暴、吝啬甚至偏执。还有很多女生都有过这样的感觉：结婚后，怎么丈夫仿佛变成了另一个人，变得让人厌烦了？其实，可能那才是真实的他，恋爱时的完美形象反而是假的。要避免遇到这种情况，办法之一就是多观察他是怎么对待身边其他人的。

其实，不仅恋爱对象会这样，但凡对你有所求的人，都可能会有类似的做法。那什么人算是对你有所求呢？比如要向你借钱的人、要租你房子的人、想和你谈成生意的人，等等。在有求于人时，很多人都热情备至，而一旦得到了自己想要的东西，他们就会变成另一个人。

在美国，经常有房东因为租客住进房子后就拖欠房租赖着不走而去跟租客打官司。因此，有经验的房东不仅会查潜在租客的公开信用记录，还会向他身边的人了解他的为人。这样做虽然成本高，但能够省掉后面很多麻烦。我们在投资时，对于第一次打交道的创业者，也会秉承一个原则，就是要求他自己社群、朋友圈里的人必须跟着投。这都是花钱"买"到的教训。

**不要仓促做决定**

那位父亲给出的第三个建议是：只要不是关系到生死的事，不妨先放一下，不要仓促做决定。

女性通常比男性更感性，有时会在感情的作用下很快做出决定。比如，生气或者委屈的时候，可能会说出冲动的话；遇到突发情况的时候，难免会因为慌张仓促行事。可做决定太快，后悔的情况也会变多。其实，拿不定主意的时候，话可以先不说，事可以先不做，这样犯错的可能性就会大大降低。越是冲动、慌张的时候，越要冷静。只要事不关生死，不妨先去喝杯咖啡，或者去健身房锻炼一下，平复一下心情，过后很多事就云散风清了。心平气和之后，好的解决方案、好的表达方式也会自然地浮现出来。毕竟很多时候，事情并不像我们想象得那么糟糕，只是不在我们的意料之中而已。

当然，这并不是只有女性才会遇到的问题，有些女性在这方面其实比男性做得更好。比如，我曾经有一位亚裔女同事，她是和我一起进谷歌的。当时她所在的团队很多人都是男性白人的博士，学历比她高，英语也比她好，但领导却把团队交给她来管理，因为她为人淡定，很少冲动，也很少犯错误。当别人吵得不可开交时，她常常不说话，事后把那些问题逐一解决掉。

**要守住底线**

最后也是最基本的一个原则，就是要守住底线。这句话不仅适用于女性，也适用于所有人。

我说的那位父亲生活在美国。美国社会和中国社会一样，也有各种复杂的关系要处理，单位也有各种派系和权力斗争。很多时候，单位来一个副总裁，就会带来一批自己的人，排挤掉一批原来的人。这样的内耗在任何单位都可能存在。有的人遇到这样的事喜欢站队、抱大腿，甚至为了上层的变动和单位工作重点的转移大伤脑筋。但是，抱大腿抱对了且不说，一旦抱错了，结果可想而知。更何况，靠抱大腿上位，就算暂时抱对了人，以后单位工作重点转移了，常常就得和上级一起走人。在职场上，各国的情况都差不多。

但是，靠派系斗争上位的人，很难永远是派系斗争的赢家。不管在什么单位，都要记住原则，守住底线。当然，如果自己能把工作做得出色是最好的。如果做不到出色，也要让整个单位都了解你的价值，而不是只依赖一两个人。

对于已经做到中层管理的人来说，最需要动脑筋的事情是如何让自己的团队变得高效。可以引入必要的竞争，这会给团队带来朝气；但是物极必反，过度鼓励竞争会造成内耗，甚至导致员工离心离德。

对于女性来说，在以男性为主导的职场中打拼不是一件容易的事。有人因此就觉得，自己一定要比男同事更狠才行。其实大部分时候，单位任命一位女性做领导，恰恰是需要她用智慧来平衡各种关系，安抚团队成员，这是女性的优势所在。

明白自己的价值，守住自己的底线，才是在职场上立于不败之地的正解。

如果是在基层岗位，女性面对更多的可能是困难和诱惑。这时，更要记住"守住底线"这句话。你可能时不时会听说，某公司的某位女员工因为和男性中高层领导有暧昧关系而获得了什么职位。然而一旦公司要调整组织结构，清理不称职的人员，这样的人就留不下来了。如果女性本身很有能力，被卷入这样的事就更不值得了。就像我在前文说过的，**有些路看起来是捷径，其实是离成功最远的路。**

*

很多时候，一些有用的道理听起来都非常简单易懂，于是很多人会忽略它们的重要性。

对于以上四个建议，我想很多人都不是第一次听说，但真正能做到的恐怕不多。这些屡试不爽的道理，应该深深印刻在我们的基因中，让我们有意识地去践行它们。慢慢地，当习惯成自然，我们至少会比九成以上的人做得好。

# 我们需要的
# 是财务自由还是自由

"财务自由"这个词从美国进入中国，是近5年的事情。今天，实现财务自由是很多年轻人的梦想。

其实，"财务自由"这个词在美国的历史也不长，它是2000年前后互联网第一波热潮的时候才出现的。当时有一家小的互联网公司，上市后虽然没有实现盈利，股票却被炒上了天。按照股票的价格计算，这家公司的员工们账面上的钱足以抵得上一辈子的工资。于是新闻里就说这些人实现财务自由了，因为他们即使不上班，也一辈子不用为温饱发愁了。在此之前，虽然一些大家族的子女也不需要为生计发愁，但是由于他们与普通民众没有什么交集，所以大家都觉得这种生活离自己很遥远。但是，当身边有人挣了大钱之后，财务自由就变得没那么遥不可及了，它一下子成了很多人的目标，甚至有些人开始梦想30多岁就能退休。一个名词可以让社会上那么多人改变生活目标，可见概念的力量。

我身边就有两个这样的幸运儿。他们原本和我们一样，租民房，开二手车，但因为毕业后碰上了一家好公司，账面上的财富一个变成了两三百万美元，另一个则变成了上千万美元。这两个人一个是硕士毕业，一个是博士毕业，年薪分别是5万美元和8万美元，可见，股票的收益超过了他们一辈子的工资收入。和他们一同毕业的人，因为去了其他公司，虽然每天做的事情都一样，账面上的财富却跟他们差距极大。

互联网公司上市的财富传奇，当时在我们这些留学生中也带来了不小的震动。大家就在想，怎么这两个人运气这么好呢？于是很多学生都选择了退学去工作。当时，我正在约翰·霍普金斯大学读博士，前后三届博士生中80%以上的人都退学了。不过，这些人学是退了，能实现财务自由的钱却没有挣到。

从世界上的总财富和总人口来看，绝大多数人在这一生是不太可能获得财务自由的。但是，为什么大家都在追求这样一个不切实际的目标呢？这倒不能怪大家，因为绝大部分人在工作或者生活中常常会遇到一些窘境，所以非常渴望获得一种安全感。

比如，今天肚子疼，想请假，又怕老板觉得自己工作态度不好。或者，晚上答应陪女朋友去看电影，但是老板让加班。请假吧，得罪老板；不请假吧，得罪女朋友。于是人们就会想，我之所以生活这么不方便，是因为没有钱，只要有了钱，我就不用上班了，就能想做什么就做什么了。

比如，最近车坏了，需要花1万元去大修，虽然自己也拿得出这笔钱，但是原本打算给女儿换手机的事就要等到下个月了。这时人们可能会想，如果我有花不完的钱，就不用担心一个月要支付两大笔钱了，甚至可以干脆买辆新车了。当然，如果赶上家里有人生了大病，更是会极其困难。事实上，一场大病就足以让很多中产阶级瞬间返贫。因此，钱在一定意义上就代表着安全感。

比如，遇到孩子入托难，入好学校难。于是很多人会想，如果我有花不完的钱，就可以让孩子上私立幼儿园或者私立学校，甚至可以送他出国上更好的学校。

再比如，有些来自中小城镇或者农村的年轻人，父母在经济上比较困难，结婚后如果给自己父母比较多的钱，配偶有时会不高兴。这时人们也会想，如果我有花不完的钱，就能想给父母多少就给多少，也不会影响自己小家庭的和谐。

上面这些窘境，似乎都是有了钱就能解决的，因此大家就在想，能实现财务自由就好了。可是，如果真的实现了财务自由，生活会有什么变化呢？在这个问题上，大家的想象和实际情况其实差别很大。在美国，对工薪阶层的调查显示，大家想象中财务自由带来的好处分别是以下这些（按照得分高低排列）：

1. 选择工作时不需要太考虑工资的因素。
2. 去外国度假不用太考虑预算。
3. 可以随意为自己的爱好（如滑雪、摄影、打高尔夫球等）花钱，不用抠抠搜搜。
4. 买车，甚至买雪橇摩托和快艇可以一次性付全款，不用分期付款。
5. 可以还清房贷。
6. 可以在亲友面前表现得很大方。

从这些愿望可以看出，美国人理解的财务自由其实不是有花不完的钱，更多的是有一种安全感和自由。

那么，获得了财务自由的人，他们的生活跟之前比有什么差别呢？很多投资银行做了这方面的调查，总结下来主要有以下六点：

1. 可以选择自己想做的工作。这一点和上面的第一点有些相似。

2. 可以自由支配自己的时间。这一点其实是我觉得最重要的。但是,对于财务自由的人来说,他们每天工作的时间并没有减少,这可能出乎很多人的想象。事实上,绝大部分财务自由的人几乎都不会完全退休,巴菲特就是个很好的例子。

3. 虽然有很多投资,但因为能低息借到钱,所以还是会借钱,而不是一次性支付全款。事实上,财务自由的人账算得都很精明。如果一笔钱的投资效益比还房贷、车贷高,那他们就不会为了痛快而选择一次性支付。

4. 财务都得到了很好的规划,特别是做好了风险防范。

5. 花更多的时间读书、学习、冥想、回顾过去。

6. 构建更好的社会关系。

不难看出,当一个人真的实现了财务自由后,他想要的东西其实和以前有很大的差别。这是因为当一个人获得了一些财富后,他会追求更高的目标,而不会满足于不愁吃穿。而为了追求更高的目标,原先想象的让自己实现财务自由的那些钱可能是不够的。

那么,财务自由的核心是什么?各种调查显示,最主要的是两点:安全感和个人自由。换句话说,这是财务自由真正的目的。当一个人真的拥有了安全感和个人自由,钱多钱少对生活质量和幸福水平的影响就不大了。

很多人觉得有了钱就有了安全感，或者有了钱才能有安全感，这其实是一种误解。有人为了获得更多钱而违法经营，最后反而失去了安全感，比如那些在过去十几年里身家百亿，如今却在吃牢饭的人。而且，获得安全感不仅要靠自己的努力，还要靠国家和社会。大家可能注意过，在西欧和北欧很多国家，中产阶级其实挣得并不多，但他们却安全感十足，从不担心明天的生活没有着落，这种安全感就是社会给的。相反，墨西哥、哥伦比亚等国家的那些毒枭，虽然积攒的钱几辈子都花不完，但他们总在担心能不能见到明天的太阳。

在中国，随着个人财富的积累、社会福利的增加，以及养老等社会保障制度的逐步完善，大家对生活的安全感正在提升。而当和老板产生矛盾时，如果我们能用法律手段保护自己的利益，就不会缺乏对工作的安全感了。事实上，在美国，遇到劳资纠纷时，大家通常都是采用法律手段来解决的，而不是一下子就感觉仿佛天要塌下来了。我相信，在中国，将来大家也需要通过这种方式获得工作中的安全感。

如果安全感不是问题，那么财务自由的真正意义就在于个人自由。而获得个人自由，又有两个条件，一个是自身的条件，一个是社会的条件。

　　先说说自身的条件。我在清华当老师的时候，其实就拥有个人自由。虽然我当时挣钱不多，但是足够花，而且有盈余。我每天不用坐班，当然也不会天天旷工。在工作中，科研做什么项目、怎么做都由我自己决定，科研经费也由我自己决定怎么花。虽然我头上有各级领导，但是从理论上讲，大家都是教职工，各做各的事，他们时不时还会来听取一下我们这些年轻人的意见。我唯一需要求人的，就是去申领科研经费。当然，国家和企业的经费就在那里，总会被人拿走，只要你做的不比同行差，就肯定能拿到。从这里可以看出，如果真把追求自由作为目标，是不需要很多钱的。当然，我能获得这些自由，是因为在我研究的细分领域，当时国内没有人比我做得更好，而不是因为我有钱。最重要的是，我很乐意做我每天的工作。

　　再说说社会的条件。一个好的社会，要给大家创造各种机会，让大家做自己喜欢的事情；同时，通过税收调节，或者说二次分配，将一部分人的财富变相分给那些急需的人。形成这种环境后，大家就获得了一定经济上的自由。随着社会的进步，大家工作的时间也会逐渐减少，从而获得更多能够自由支配的时间。而这种环境，需要大家一起来营造。

因此，概括来讲，**与其指望通过挣更多钱来获得自由，不如找到自己喜欢做的事，并且做得比同行更好一些，与大家共同打造出一个更好的社会**。当然，这里有一个前提，就是要稍微约束一下自己的物质欲望，少攀比。

2019 年，我和冯仑进行了一次对话。下面的观众问我们，怎样像你们一样获得财务自由。冯仑讲，其实有多少钱都不够花，因为人的欲望可以是无限的。世界上所有东西都有成本，只有欲望没有成本。你可能会觉得有上亿元的财富，这辈子就够花了，但是当你真有了这么多钱时，你会发现要花钱的地方很多，这些钱根本就不够花。当然，对绝大部分辛苦攒了半辈子钱，打算后半辈子享福的人来讲，更大的风险是通货膨胀，因为通货膨胀会让人们原先各种美好的预想很难实现。

对于这个问题，2022 年 4 月 30 日，巴菲特和查理·芒格在给投资者的报告中讲，他们认为应对通货膨胀最有效的办法是提升自己的能力。到目前为止，最好的投资项目就是能够推动自我发展的东西。几乎所有善于投资的人，都会赞同这个观点。人自身的能力是自由的前提，也必将带来财务自由。

理解了财务自由只是通向个人自由这个目的的手段，而非人一生努力的目的，我们就不必过得那么累了，也就会在经济和时间上对自己好一点。相反，如果一个人只想着挣钱，却失去了自由，那生活也就没有意义了。一个被判处无期徒刑的囚犯，显然不需要为一辈子的吃穿发愁，但这样的财务自由任何人都不想要。

第二章

# 把自己当成世界的主人

▼

Chapter Two

**To Be the Master of the World**

尼采的一个核心哲学思想是"主人—奴隶道德说"。尼采所说的"主人"和"奴隶"不是一般意义上的那两种对象，而是有特别的哲学含义。所谓主人，不一定要有钱和很高的社会地位。只要他们自我肯定、主动并且为自己的成绩而自豪，就算是哲学意义上的主人。相反，那些被动、相信宿命、自我否定的人，即便位高权重，也是奴隶。尽管尼采也肯定了奴隶道德中的精神力量，但是他更赞许主人道德所体现出来的各种品质，即思想开阔、勇敢、诚实和守信。人的一生中总不免遇到很多麻烦和不如意的事情，用主人道德要求自己，把自己当成世界的主人，是解决这些问题的根本途径。

这一章，我们就从一个大家都会遇到的问题谈起。

# 考试，
# 获取反馈和动力的重要途径

我们今天经常会听到有人说，某个人是靠应试教育培养出来的，不善于解决具体问题。也有些人认为，为了培养孩子解决具体问题的能力，最好是取消考试。今天持这种观点的人还不少。那么，考试真的没有意义吗？或者说，如果取消了考试，我们会失去什么？20多年前，谷歌用实际行动告诉了大家，考试还是有意义的。

**为什么谷歌招聘以绩点为标准**

那时，美国公司的招聘还没有太考虑政治正确的因素，基本上是以才能作为招聘的唯一标准。而衡量一个人才能的指标之一，就是他在大学里的GPA（Grade Point Average，平均学分绩点）[1]。招聘方一般会要求应聘者告知自己在大学的GPA，不

---

1 A=4，B=3，C=2，D=1，不及格是0。

仅对应届毕业生如此，对往届毕业生，甚至是已经毕业20年，成绩单都找不到了的人也如此。如果一个人的GPA在A-（3.7）以下，HR（人力资源）就会在他的简历上写一个红色的A。外人看了可能还以为这表示要被优先考虑呢，其实是表示这份简历已经被放到了另册中。虽然HR还有可能会邀请他参加面试，但录用他的可能性微乎其微。

　　谷歌对这种做法给了一个解释。首先，它认为GPA不够高的人在上学时没有责任心。因为作为学生，好好学习是最基本的要求，这个要求都没有达到，显然就无法得出相应的"人有责任心"的结论。其次，GPA可以衡量一个人是否把一些专业知识学到了手，GPA高不等于把知识学好了，但GPA低肯定说明他学得有问题。当然，还有一个谷歌内部人士都知道，但不往外说的理由——GPA其实是和智力水平正相关的。我在得到App的专栏《硅谷来信2》中讲过发明晶体管的科学家威廉·肖克利（William Shockley）考察人的方法，就是看谁聪明。这个方法微软和谷歌都用过，非常有效。

　　当然，有人可能会挑战谷歌的做法，认为各个大学打分的标准不同，GPA不具有可比性。这一点你可以放心，谷歌会这么做，自然是想到了调整的办法。比如，它把加州理工学院毕业生的GPA录取标准降到了3.0，也就是A的水平。至于麻省理工学院，虽然 GPA 满分是 5.0，但谷歌依然采用 3.7 的分数线，相当于把标准降到了 B-。这是考虑到麻省理工学院的课比较难学。再比如，斯坦福大学 GPA 的天花板其实是 4.3，也不是 4.0，因此 3.7 的 GPA 也不难达到。至于从其他大学毕业的人，可能未必好意思跟这三所大学的毕业生相比，被要求有高一点的 GPA 也只能接受了。

谷歌这样做的效果怎么样呢？非常好。在开始的前 10 年里，谷歌招收的学生被大学公认为是在学校里表现最好的，以至于美国各个大学的计算机系私下里会以每年有多少学生能进入谷歌作为教学水平的排名标准。而那些进入谷歌的员工，日后也都很有出息。可见，虽然应试教育不一定能培养出具有创造性的人才，但是在考试中表现好的人，综合能力应该就差不到哪里去。当然，后来因为政治正确的原因，谷歌至少表面上不再要求求职者提供 GPA，员工的表现和他之前学业水平之间的关系也就很难衡量了。

**为什么考试是必要的**

为什么考试是必要的？因为它可以告诉我们自己是否掌握了某项基础知识，如果没有掌握好，欠缺又在哪里。如果没有考试，不仅大家会学得稀里糊涂，还会有很多人根本就不学习。我之所以敢下这么肯定的结论，是因为我有过这样的经历。

小学时，我是在清华大学绵阳分校的子弟小学上的。从名字就可以看出，这所小学的学生都是大学老师的孩子，按理说大家的家庭条件和智力水平应该都差不多。那时考试不像现在这么多，一学期只有一次期末考试。平时老师会在大家的作业本上写上"优""良""中""差"作为反馈，并且把答错的问题指出来。因此，虽然当时的考试压力并不大，但是大家对自己学得好不好还是大致清楚的。我们在小学一年级的时候参加了一次考试，我至今都不知道成绩，因为还没有公布成绩，上头就宣布以后不许再有考试了。我一直很好奇我那次考了多少分，但或许这辈子都无法知晓了。我接下来参加的第二次考试是在小学四年级下学期，这中间的三年半里都没有考过试。

讲到这里，今天被考试压得喘不过气来的学生们可能会羡慕我们，觉得我们很幸福。但先别急着羡慕，因为很多人之后的命运都不是自己想要的。

这么长时间没有考试，即便老师再苦口婆心地劝大家学习，也有很多人就是不学。所幸老师依然认真教学，依然会布置作业，依然会在课上给大家听写生字，因此包括我在内的不少人才没有把学业落下。但是，有一位同学给我的印象很深。每次上课，老师会在黑板上写上第几课,然后开始听写生字,可她交上去的作业本总是只有"第×课"那三个字。后来我们换了一位老师,新老师不在黑板上写"第×课"这几个字了,她就开始交白卷。

因为没有考试,这位同学就一直跟着我们升级。直到在四年级下学期要升五年级时恢复了考试,她三门课(数学、语文和自然常识)的考试交了三张白卷,学校不得不为她找一个合适的年级插班。学校让她把从一年级到三年级的考试题都做了一遍,最后发现她只有一年级的考卷做及格了,于是把她插到了二年级。还有一些学生虽然在考试中的表现没有那么差,但也被留级了。不过,也是在那次考试中,班上好几个人数学都考了满分,成绩最好的一位同学三门课全是满分。可见没了考试这个有效的反馈机制,大家的差距会有多大。

当时初中是就近入学,大家无论表现好坏,总有学可上。但那几位留级的同学,有的最终只读完了初中,有的甚至连初中也没有读完。而同一个班上,超过20%的同学后来上了清华或者北大。现在想起来,很多人其实是成了取消考试的受害者。

没有了考试,人们不仅难以知道自己学得怎么样,甚至会干脆不学了。不要说中小学生不懂学习知识的道理才会放弃学习,就算是成年人也未必能做到自觉学习。即使曾经学了,后来没有了考核,通常也会将知识荒废掉。举个例子,1977年年底，我国恢复高考制度，我父母的一些同事参加了高考的阅卷和随后的招生。据他们讲，当时各省市的考卷，有的满分是 400 分，有的满分是 500 分，而大部分考生的总成绩只有一二十分。你没有看错，不是一门课考一二十分，而是总分就这么点；不是其中一些人，而是大部分人。这其实很正常，没有考试的压力，绝大部分人都是会犯懒的，然后很快就会把之前学的那点东西忘光了。

如果经常看综艺节目，你可能会发现，有些演艺明星已经连基本的四则运算都不会做了，而他们当年也是一路学过来的。比如我有一次看美国一档综艺节目，一位从常青藤名校毕业的政治明星，居然把"408+48"算成了 4416。可见没有了考察，人们曾经拥有的知识也会失去。

当然，有人可能会说，没有了考试，就算孩子不懂事，有知识的家长也会督促孩子学习的。但我的经历告诉我，有这样负责任的家长，也有让孩子完全"放羊"的家长，否则就无法解释为什么我的同学中有些人连初中都没读完。

在美国，公立中小学并没有对学生放任自流，但很多学校对学生的考核并不严格，于是同一所学校里学生之间的差距大得可怕。中国的很多学校则走到了另一个极端，考试太多，学生压力太大。但是我们必须看到，当学校里有很多的考试，学生虽然会辛苦一些，但不容易掉队；当学校秉承"快乐学习"的原则来教学，完全不在乎考试成绩，学生中依然会有学霸，但人与人之间的差距也可能会拉得很大，就像我小学时的班级和今天美国的公立中小学那样。因此，考试正面、积极的意义，要远远大于它的副作用。

## 为什么一定要给自己设置KPI

今天，人们要面对的考试不仅有学校里那种笔试和口试，还有单位里的KPI（关键绩效指标）。在一个单位，如果凡事都用KPI衡量，那大家一定是短视的，这个单位也难以完成具有创造力的工作。但是如果没有KPI，吃"大锅饭"，就一定会有很多人在混日子，情况会变得更糟糕。

我父母那一代人在四五十岁之前，工作是没有KPI的，干好干坏差不多，全靠自觉。结果就是一个单位里，认真工作并且能做出成就的人，基本连1/4都不到。我认识的一些叔叔阿姨当年也算超级学霸，否则也无法在那个年代考入清华，但他们中居然有很多人毕业20年都没有一项能拿得出手的科研成果。后来，各个大学都对老师发表论文的数量和质量、科研经费的数额、获奖的数量有了明确的要求，混日子的人便不见了，而这些要求其实就是为他们制订的 KPI。

我上小学的时候，暑假经常去我父母的实验室，那些叔叔阿姨总是喜欢拿一些智力题来考我、逗我玩，一玩就是大半天，因为他们毫无紧迫感。等到我中学时再去实验室，他们就只能跟我打个招呼，再也不会拿智力题来逗我玩了，因为他们忙得很，有好多事情要做。

今天，中国各高校的科研成果，无论质量如何，至少数量比以前多多了，我们必须承认这是一个巨大的进步。经过之前那些年考核制度的实行，我估计今天即使各个高校放宽对考核的要求，依然会有一大批老师兢兢业业地进行学术研究，成果不断，因为他们已经养成了习惯。

很多人觉得，考试让中国的学生失去了创造力，这也是一种误解。一位读者朋友曾经给我分享过一些数据：2009 年，经济合作与发展组织（OECD）做了一项研究，调查世界各地的学生花在家庭作业上的时间，调查对象是那些参加了国际学生评估项目（PISA）考试的 15 岁中学生。你可能也听说过这个考试，看到过上海学生在这个考试中考第一的新闻。调查结果显示，这些国家 15 岁中学生平均每周花在家庭作业上的时间是 4.9 个小时。其中，芬兰最少，每周 2.8 小时；韩国其次，每周 2.9 小时；美国排在倒数第六，每周 6.1 小时；俄罗斯排第二，每周 9.7 小时；排在第一的是中国，每周 13.8 小时。

这位读者朋友是想通过这些数据说明中国的孩子课业负担太重，但我无法确认这个统计数据是否合理。因为据我所知，在美国，15 岁（9 年级或 10 年级）的学生每周做功课的时间可不少，特别是私立学校的学生。在我的印象中，我的两个孩子自从进了高中，每周做功课的时间恐怕要有 20 小时。虽然有的学校功课很轻松，但它们的教学质量肯定好不了，所以大家也不会去和那种学校做比较。

至于韩国，虽然普通高中留的作业不算多，但是韩国高考的竞争激烈程度可是世界闻名的。但凡一个中学生想上好一点的大学，就需要参加课外补课。如果不是 SKY（天空联盟），即首尔大学、高丽大学和延世大学的毕业生，就完全没有机会在韩国当上政要、大公司的经理或者进入医学界和法律界。也就是说，他们比中国更看重学历。

根据我对欧美、日韩和中国的教育界和工业界的了解，考试负担和创新能力没有直接的关联。过多的考试不会对创造力产生多大的帮助，没有考试也不会提升创造力。

除了检验自己是否掌握了知识，从小参加考试还能培养我们终身学习的习惯，以便于我们在将来没有考试时依然会自主学习。前面说到 1977 年恢复高考制度时，大部分考生的总分只有一二十分，但也有一些人在农村插队时坚持学习，后来考上了名校。我的一位中学老师就是这样考上了清华。这位老师一直以亦师亦友的态度对待我们。他说，1968年他高中毕业，去了北京最偏远的郊区县插队。当时从那里回一趟家，单程需要两天的时间。插队的生活是非常艰苦的，白天的劳动强度很大，到了晚上，绝大部分人马上就躺倒了。但我这位老师一直没有荒废学业，因此10年后，当初一起插队的人早就把所学的那点基础知识都忘光了，他还能考上清华。

我在国内时有一位老板也是这样的人。他对计算机技术非常了解，让我很吃惊，因为我在大学时经常利用暑期做社会调查，知道大国企和部委机关里的干部们的专业水平有多高。后来，这位老板告诉了我他的经历。

他比我大十六七岁，在20世纪60年代末，他从北京去大西北插队。去的时候自然没有想到要带书去读，而且当时家里的课本早就扔了。但是，在学校不断参加考试让他养成了要读点书、看看自己会不会做题的习惯。于是，他在当地县城的废品收购站，5分钱、1毛钱一本地把没人要的教科书收集来了一些。他当时并不知道将来会恢复高考，只是习惯了每天在农忙之后点着油灯看几页书。10年之后，他考上了西安交通大学。而和他一起插队的人，虽然后来都返城了，但绝大部分也和

"有知识"这三个字无缘了。

天生就能不断激励自己终身学习的人很少。大部分人最开始学习都是被形势所迫，不得不为，特别是学校有考试，自己不想落在别人后面，于是被这种压力逼着读书。虽然开始有些不情愿，但是想到可能会考试不及格，浪费之前一年的努力，只好硬着头皮学习。在这个过程中，大部分人会慢慢养成主动学习的习惯，以后不仅是学习，做任何事情都会由被动变为主动。

\*

总的来说，对绝大部分人来讲，没有考试、不留作业其实未必是件好事。从表面上看，好像学校里不存在竞争了，但从教育的结果来看，人和人之间的差距一定会拉大。这不仅是因为没有了督促，人会缺乏努力的动力，也是因为没有了反馈，人会不知道自己的问题和弱点在哪里，即使想进步也无从入手。

不仅在学校如此，在单位也是如此。对大部分人来讲，KPI或其他量化衡量工作表现的工具也是一种考试。虽然它们会给人带来压力，但是从结果上讲，它们也能帮人高效完成工作，提高能力。当然，当人的自觉性高到一定程度之后，这类考察可能就不再重要了，因为那些人不仅可以自我驱动，还可以自己找其他反馈。但是在养成习惯的过程中，各种形式的考试还是很有益的。

# 人生，
# 是一次次没有监考的考试

　　但凡上学，必有考试，否则无法验证学习的效果，可能学错了也不自知。而但凡有考试，就一定有作弊，而且这件事上千年来屡禁不止。原因也很简单，那就是从表面上来看，作弊似乎可以让人在短期内获得巨大的利益。那么，作弊是因为违反道德而被禁止的吗？其实不仅仅是因为这一点，更是因为作弊有时不仅不能给自己带来利益，甚至会损害自己的利益。

**人生的考试是没有监考的**

　　在我的印象中，今天对作弊者的处罚比过去更严。一个重要的原因是今天作弊的工具太多了，作弊经验在网上传播得也很快，如果不加重处罚力度，作弊现象就会泛滥成灾。

　　我读大学时，作弊方式通常就是夹带纸张或者东张西望。那时，期中或期末考试，一个大考场有一两位老师监考就够了。

到我在大学当老师的时候,作弊工具就很多了,作弊手段也五花八门,有些手段甚至你想都想不到。比如,有女生夏天在大腿上写满了字;有男生大夏天穿着长袖衬衫,在上面用荧光墨水抄了一堆公式;还有长头发的女生或男生戴着耳机和外界联系,等等。这时,一个考场往往需要三四位老师监考,再加上处罚比过去严很多,才算刹住了作弊之风。

到了美国之后,我发现这里考试监考很松,原因是他们秉持"无罪推定"原则,即一开始总是相信人是诚实的。但是,美国大学对作弊的处罚比中国严得多,一经发现,立马开除,不给第二次机会,因此大部分人都不敢作弊。此外,美国大学的成绩不是由一次考试决定的,而是包括作业、实验、论文等多方面的成绩,因此考试作弊的必要性也不大。

早些年,中国留学生到了美国,非常享受这种相互信任的环境,也非常自觉,极少作弊,口碑很好。不过近年来,由于从中国到美国的留学生数量迅速增加,水平参差不齐,出现了很多作弊现象,中国留学生的口碑变差了。2015 年,《新闻周刊》转述一个留学生教育机构发布的报告说,2013—2015 年,被开除的留美中国学生可能超过 8000 人。根据他们对 1657 名被开除学生的调查,发现其中 1/4 是因为作弊被开除的。这在美国大学的历史上非常罕见。当然,有人可能会说,学校监考为什么不严格一点,让学生不敢作弊呢?可能是因为这样的做法不符合美国的习俗。学生到了美国只能入乡随俗,享受信任,同时也要承担失去信任的后果。

很多人觉得,作弊者是因为担心考试通不过,横竖都是个"死"才去作弊的。但事实上,作弊和学习成绩好坏没什么关系。在被开除的作弊学生中,很多人其实学得还不错,只不过他们想花很少的时间获得不属于自己的东西。再说了,哈佛大学的学生应该算学霸了吧?他们中间照样有不少因为作弊被开除的。

2012年,哈佛大学发生了校史上最大的作弊丑闻。事件的起因是学校有一门行政管理课程,名为"国会简介",这门课的期末考试是开卷形式,学生把试卷拿回家自己做。[1] 结果班上279名学生,有125名因为答案过于相似而被调查。调查的结果哈佛从未公布,校方只说,被调查的学生中大部分都被勒令退学了。有人估计,被勒令退学的学生超过被调查人数的70%。

看到哈佛大学这种处理意见,有人可能会觉得很公平,也有人可能会觉得应该给那些初犯的人第二次机会。有些人说,

---

[1] 美国很多大学都有这样的考试,大家把试卷拿回家做,一两天后交卷,答题时可以看参考书,但是不能讨论。

既然知道学生们可能会私下讨论，为什么不改成闭卷考试呢？但换个角度想一想，**人生其实不止一次考试，走出学校后，每个人都要经历很多没有监考的考试，因此必须习惯于在没有监督的情况下依然能够不作弊**。可以说，要求学生不作弊不仅涉及道德问题，也是教育学生要以主人的态度学习、成长，以及解决将来工作和生活中的问题。相反，人一旦养成作弊的习惯，凡事就难以百分之百地尽力了；稍微遇到一点难事，就会忍不住把心思放在投机取巧上。当一个人走出校门、参加工作后，每一项任务都是一次考试，能否及格就是看本事，作弊也没有用。在此基础上，能否做到优秀，就要看这个人有多努力。

大部分人作弊的习惯都是在校园养成的，因此学校必须担负起纠偏的责任。如果一个人在学校习惯于靠作弊获得与他人同样的成绩，那么，他努力的程度一定比不上其他人，也一定无法养成努力的习惯。但凡负责任的学校，都要让学生明白，这种自欺欺人的人生是没有意义的。此外，学校还要让学生明白，作弊带来的收益和损失是不成比例的，让他们从此断了作弊的念想。这样，学生将来变成老师，才不至于学术造假；到了工业界，才不至于生产制造伪劣产品，以次充好；到了金融界，才不至于诈骗他人钱财。

在处罚作弊上，美国大学的处理方式都和哈佛差不多。我在约翰·霍普金斯大学读书时，应用数学系就有一位博士生在一次开卷考试中，"碰巧"在系里计算机系统中那位开课教授的目录下找到了考试的答案，然后抄了上去，于是学校把他开除了。这位博士生辩解道，教授并没有把考试答案设置为其他人不可读。学校给的理由是，教授把答案放在那里，不等于你就可以读。这就如同到超市买东西，商品都在货架上摆着，但不等于你可以拿了就走。在对作弊者的态度上，我很赞同不给第二次机会的做法，以免有人存在侥幸心理。

至于美国的大学为什么不采取闭卷考试的方式，也是有原因的。由于有时间限制，闭卷考试通常只能考一些死记硬背的东西，可在我们今后的工作和生活中，面对更多的其实是开卷考试——在能够查阅资料、独立获取信息的基础上，看一个人能否把问题解决掉。在我的印象中，我在美国上的十多门课里，采取闭卷考试的不到三分之一。

说完学校的情况，那家长对作弊又是怎样的态度呢？从对社会的观察来看，有不少家长一方面愤恨于别的孩子作弊，抢了自己孩子的机会，另一方面却又对自家孩子非常纵容。甚至有的家长还会自己采取不正当方式，让孩子轻松获得本来必须通过努力才能获得的东西。

望子成龙的出发点是好的，但父母不能帮孩子活一辈子。

更何况，如果父母真的有本事，自己就能成为龙，何必还要把希望全部寄托在孩子身上呢？家长必须明白一点：**孩子只有在不作弊的情况下超过自己，才有可能真的成龙。**

今天，作弊现象屡禁不止，社会在一定程度上也充当了助燃剂的角色。各种重要考试开始之前，常常会出现卖考题、卖答案的新闻，甚至还有阅卷人受贿的事情。这些都助长了那些心存侥幸、渴望不劳而获的考生的作弊行为。因此，要杜绝作弊，只靠教育学生是不够的，还要靠全社会的矫正。

### 靠作弊成就的人生绝对走不远

从表面上看，作弊能让人快速获得利益，实际上却对人有害无益，靠作弊成就的人生也绝对走不远。这就如同登珠穆朗玛峰，如果用直升机直接把人送上去，他会无法适应稀薄的空气，活不过半个小时。

**人的一生要靠一点点努力、试错、纠偏，然后才可能得到真实的答案。**在这个过程中，人的本事才可能得到提高。我们一生中遇到的很多事情都是没有现成答案的，需要我们自己去找。如果靠作弊，将一个所谓的答案抄上去，那就像电影《楚门的世界》中的楚门一样，自己或许能陶醉其中，但得到的终究只是虚幻。不同的是，楚门是被别人欺骗，作弊却是自己欺骗自己。

对社会而言，作弊的危害就更严重了。如果作弊成风，社会就不可能进步，也不可能有新的发现，因为遇到问题时，习惯了作弊的人不会想要解决问题，只会试图通过欺骗掩盖问题。历史上，苏联生物学家李森科（T. D. Lysenko）就是一个作弊者。当实践证明他的理论出错了时，他不仅没有正视自己的错误，反而篡改实验结果，甚至动用政治力量打击反对者。结果，苏联生物学和农学的发展遭遇了灭顶之灾，遗传学的发展则一下子落后了世界数十年。

和李森科同时代的奥地利物理学家莉泽·迈特纳（Lise Meitner），就和李森科形成了鲜明的对比。迈特纳最早发现了核裂变现象，但是在计算核裂变残留物时，她发现裂变之后剩余物质的质量和裂变前的质量有一点点对不上。只要篡改一点点数据，这两者就能对上了，但迈特纳并没有这么做，而是努力找到了原因——那一点点微小的丢失的质量，是变成了能量。这不仅证实了爱因斯坦的质能方程，还为原子弹和原子能的应用打下了理论基础。

在迈特纳之前，化学之父拉瓦锡提出了氧化学说，物理学家焦耳发现了能量守恒定律，这些都是因为他们正视了实验测量和理论数据之间的微小差异。在迈特纳之后,天文学家亚当·里斯（Adam Riess）发现了暗能量的存在,这也是源自他发现测量出的宇宙膨胀速度与过去理论预测的不一致。如果这些人作弊,把实验数据修改成"符合理论"的样子,也就不可能有那些改变世界的发现了。

如果我们只是在道德上要求每个人都从良心出发,不要作弊,未必能完全制止作弊行为。但如果每个人都能意识到,作弊其实会损害自身的长远利益,通过作弊去追求利益往往会适得其反,那作弊也许就能得到更有效的遏制。

*

从表面上看,考试作弊只是教育领域一个不太光彩的话题。但如果在教育阶段处理不好作弊的问题,社会上欺诈、造假的现象就可能愈演愈烈,学术造假就会屡禁不止,科学领域也更难出现重大的发现。只有真正理解作弊这件事的危害,我们才能领悟到通过努力达成目标的重要性。

## 为什么有人既聪明又努力，
## 依然过不好这一生

这个话题说起来可能会让人感慨，也会令一些人惆怅，但确实有很多人既聪明又努力，却过不好自己的一生。

我最初开始思考这个问题，源于2014年我写《大学之路》那本书时的发现。为了写那本书，我花了一些时间去了解身边各种人的个人能力、受教育程度与生活、事业发展之间的关系。我发现，这种现象非常普遍。比如我的中学和大学同学，他们当初和后来的努力程度、成绩的好坏、所上学校的好坏，与后来事业的成功与否几乎没有什么关联，与他们个人幸福度的相关性就更小了。特别是有相当一部分人当时都上了清华或北大，可以说是既聪明又努力，生活习惯也好，但他们后来的发展都远远没有达到自己的期望，甚至可以用"不如意"来形容。

当时，俞敏洪老师帮我推广《大学之路》，我们一起做了不少节目，直接进行过很多交流。他说自己也注意到了这个现象。此后，我就专门花了一些时间，与中美两国的很多教育工作者一同探讨这个问题。我把我对这个问题的研究发现，结合那些教育工作者的补充，概括成了以下五个要点。

**在学校时成功，不等于人生也会成功**

人们常常会有一个误解，就是把在学校时的成功和日后整个人生的成功等同起来，或者在两者之间建立起因果关系，并且在日后仍然按照过去成功的方式努力。但实际上，今天学校的教育有很多局限性，不仅让学生在某些教育，比如同理心、意志力和创造力的培养上有严重的欠缺，还误导了学生们努力的方向。这里有两点应该特别引起大家的注意。

首先，今天国内绝大部分学校的教育方式都深受洪堡体系影响，而且依然是洪堡体系的。关于洪堡体系[1]，简而言之，就是它能迅速培养一大批毕业后就能干活儿的标准化人才。在一个国家工业化崛起的时候，这种教育体系是必要的，而且效果非常好。但随着不断的发展，社会开始需要多种多样的人才了。而今天学校教授给学生的内容太少了，虽然有些专业课程可能

---

1 《大学之路》一书对洪堡体系进行了专门的介绍，如果想了解，可以参考该书。

讲得比较深，但有些简单的基本技能，很多大学毕业生居然都没有掌握。

几年前，郄小虎还在负责谷歌在上海的工程师团队。他有一次跟我说，行政助理（即高级秘书）不好招。我说，中国人那么多，招行政助理有什么难的？他说，按照公司的要求，这个人需要能和美国的同事用英语流畅地沟通，对托福成绩要求很高。但招人的时候发现，往往考得过托福的不会订机票，会订机票的考不过托福。他这么一说我就有体会了，因为我的秘书在给我订机票这件事上做到让我完全满意，也练习了两三个月呢！好的秘书不需要向老板问太多订票细节就能把行程安排妥当，这其实不是表面上那么机械的工作。实际上，在工作中比订机票更重要的技能恐怕100个都不止，但学校却不会教这些。

其次，我们都知道每个人的特长差别是很大的，比如小张擅长长跑，小王擅长唱歌，小李擅长察言观色，等等。但是，一个学生各门课的成绩通常却不会差别很大。优秀的学生可能每门课的成绩都在90分以上，良好的学生可能每门课的成绩都是85～90分，中等的学生每门课的成绩则大概都在80分上下。照理讲，如果自然发展，应该每个人都有的课成绩是九十几分，有的则是四五十分，因为人不可能各个方面都差不多擅长。可现在，我们看到大部分学生似乎都没有特别的短板，只能说是教育把学生塑造成了这个样子，但看似没有短板，其实也埋没了特长。

我们平时说的"既聪明又努力"，通常都是以学校的标准来衡量的，可生活中用的却不是这个标准。**把好几件事都做成半吊子，不如做好一件事情**。遗憾的是，学校的教育并没有告诉大家这一点。

## 走出小圈子，才能获得更多经验和阅历

很多既聪明又努力的人很容易把自己限制在现有的、固定的朋友圈中。在这个朋友圈中，大家都知根知底，彼此非常信任，于是相处起来都觉得很舒服。但问题是，在这样的朋友圈中，大家的想法太相似了，思想观念、思维方式都是固化的。如果一个人几十年都在同样的思想观念和思维方式中转来转去，完全没有意愿走出去，那对他的发展必然没有好处。

几十年来，我遇到过很多比我聪明、比我成绩好的人，他们几十年都在同一个领域工作，按理说应该很有成就才对。但实际上，他们取得的成就和他们的年龄、所受的教育、工作经历以及个人聪明程度远不相配。这其中，很重要的一个原因就

是他们一直在一个固定的范围内转悠，有的人甚至几十年的生活都不超出北京市海淀区的范围。他们当中也有出过国的人，有的甚至比我出国更早，但他们即使身体离开了故乡，心也还在原来那个小圈子里。有人出国两三年后，又一头钻回原来的圈子，回到原来的生活轨迹中。这种现象在今天年轻的留学生中也非常多。

人要想获得更多的社会经验和阅历，就要接触、了解不同的人，了解他人的智慧、想法、生活方式和生活轨迹，再把这些融入自己的生命之中。英国经验主义哲学的创始人培根在其随笔中讲到了通过旅行与人交往、增加自己见识的重要性。他在《论远游》一篇上来就开宗明义地指出："远游于年少者乃教育之一部分，于年长者则为经验之一部分。"

培根认为，远行"与其说是去旅游，不如说是去求学"。出门前要事先做好准备，这样到了国外"有何事当看，有何人当交，有何等运动可习，或有何等学问可得"，心里就有数了，否则就"犹如雾中看花，虽远游他邦但所见甚少"。作为经验主义哲学的代表人物，培根非常看重经验对人认知的重要性，而经验在很大程度上来自阅历。如果一个人原本有机会更多地见识世界、结识他人，却因为自己在思维上的惰性而囿于自己的小圈子，实在可惜。

我们所接触到的各种人，不一定每一个都比我们强，但他们在一起，一定会全方位超越我们自身。他们会给我们带来新思维、新观念，甚至新的发展机会。

**顺利和优势可能会耽误人**

当一个人被认定为既聪明又努力之后，他也会认为自己是天之骄子，觉得接下来成功是理所当然的，而一旦遭遇了挫折，他就会认为社会对自己不公。在发展的早期，那些既聪明又努力的人收获和付出通常是成正比的，但后来却可能不再成正比。这其实是普遍现象，但很多人会因此认为是社会对自己不公。为什么会这样呢？

其实，人在学生时代努力和收获能够成正比，是因为他们被身边的人保护在一个平稳的环境中。很多所谓的好学生都是被老师和家长"喂养"大的，他们的成长一帆风顺，很少遇到挫折，很顺利就能达成学业目标，甚至毕业后也可以不参加竞争就获得一份收入还不错的稳定工作。所以在这种平稳的环境中，似乎努力和收获能够成正比。

那为什么后来又不能成正比了呢？因为他们进入了真实的世界，而真实的世界对人的要求是复杂多样的，很多能力又是学校并不会教的。比如，学校不会教你如何从战略上进行思考，不会教你如何塑造自己的思维方式，不会教你如何看待命运和运气，不会教你如何进行尝试，不会教你如何经受住挫折的考验，不会教你如何控制风险，更不会教你如何恋爱、结婚。

结果就是，很多从平稳环境中出来的人，到了 30 岁就能一眼看到自己退休时的情况，他们不会变得太差，但也好不到哪里去。更糟糕的是，即使对现状不满意，他们也没有能力去改变。由于从小缺乏受挫折的经历，也不知道自己的极限在哪里，因而他们不知道接下来该如何选择，也就无法到达更高的阶梯。他们不是不愿意冒险，而是不知道该如何冒险，也不知道哪些险该冒，哪些险该防范。

**选择本身是有成本的**

和不善于承担风险相关联的，是做决定时不够果断。一般来讲，人都想做出正确的决定，聪明人更是如此。他们不能接受错误的决定，就如同不能接受考卷上的"×"一样。但生活中的决定并非只有对错两种，即使看似做出了正确的决定，也难讲以后结果好不好，反之亦然。害怕做错决定，让他们花了太多时间纠结。

人做任何事都是有成本的，做决定时反复比较看似是一种谨慎的做法，但实际上，这种花时间、花精力的谨慎是有成本的。如果不同的决定对结果影响很大，那花点时间和精力或许是值得的；如果选 A 和选 B 的结果差不多，就不要把时间和精力花在纠结上了。凡事都要讲究平衡，如果精挑细选所带来的收益还比不上它的成本，就是失去了平衡。更何况，很多时候花一个小时、一天或者一个月做出来的决定，很难说哪个就更好。可花一个月做决定，就意味着浪费了一个月的时间。

　　很多既聪明又努力的人因为天赋高、机会多，面临的选择也多，要做决定的次数更是特别多。加上对自己的期望值很高，他们每次做决定时浪费的时间就可能特别多，结果生命就都被浪费在"做选择"上了。我认识不少成功的农民企业家，他们有的只有初中甚至小学文化，对自己的期望值没有那么高，需要做决定的机会也不多，但他们做决定时从不纠结。当然，这其中也有失败的案例，但是成功的案例相当多。究其原因，我认为是他们在做具体事情上花的时间更多，而不是把时间花在"做决定"上。

## 从有限的经验中很难总结出普适的规律

人是一种善于总结经验的动物。但是，人在总结经验时有一个误区，就是喜欢用不完全归纳法，试图从有限的经验中总结出并不存在的普适规律。你可能听说过火鸡悖论，说的是养火鸡的人每天准时出现在鸡窝前给火鸡喂食，久而久之，火鸡就归纳出了一个结论——主人的出现意味着有吃的。这个规律是否成立呢？火鸡验证了一年，都是成立的，于是它们就相信这是个规律了。但是，等到感恩节的前一天，主人给火鸡送来的不是食物，而是屠刀。世界上很多所谓的规律，其实都是通过这种不完全归纳法得到的，场景稍微变一下就失灵了。一个既聪明又努力的人为什么后来发展不好？据我观察，很多人在一个领域取得成功后会变得自负，坚信自己在其他领域也能成功，然后简单套用自己在原有领域获得的经验。

举个例子，有一位曾经和我共事多年的工程师，他技术水平很高，一开始被提拔得很快，但几年后就遇到了职业发展的天花板。由于自己水平高，工作质量也高，因而他通常看不上其他工程师做的工作。当他觉得别人的工作成果达不到自己的标准时，他就撸起袖子自己上。可随着职级升高，他要管的事多了，要辅导的人多了，不可能总是自己上，因此他能发挥的作用就被限死了。这位工程师过去成功的经验就是精益求精，把事情做好，这个原则没有错。但是，当他手下的人多到一定程度，招聘来的工程师就不可能都是水平很高的人了。在下属的平均水平降低后，保证工程质量就不是靠以前的经验能够解决的问题了。

我还有一位同事，他在IT公司做得非常出色，后来因为有一家对冲基金公司高薪来挖，他就去了，但到了那里很不适应。他原先在IT公司之所以成果不断，是因为环境比较宽松，他想几点上班就几点上班，想几点下班就几点下班，虽然每周工作时间很长，但是时间自由。效率高的时候，他就多工作；找不到灵感时，他就去锻炼、休息。但是到了金融公司后，他必须在早上市场开门前到达自己的岗位，直到下午市场关门都不能离开。这种严格坐班的工作方式，让他感到自己的创造力无法发挥出来。当然，让他更不习惯的是，他和新同事的做事方式不同。过去在IT公司，一个产品要让千百万人使用，而且常常会使用很长时间，因此要用正确的工程方法做事情。但在这家对冲基金公司，他的产品就是在自己的基金小范围使用，能用就行；而且遇到新的问题需要马上解决，因为市场不等人，没有功夫让他去打磨一款好产品。所以，到了新环境，他过去的经验不仅用不上，还成了负担。

一个人如果过去一路很顺利地走过来，现在遇到了挫折，就可能陷入对自己深深的怀疑之中。他们害怕别人批评自己，很容易从过度自信迅速变得缩手缩脚。那些既聪明又努力，最后却陷入平庸的人，其实不是没有尝试过改变，也不是没有挑战过新的领域，然而想赢怕输、怕丢面子的心理让他们顾虑重重，动作变形，结果反而更容易失败。

*

概括来讲，人们常说的聪明和努力，很多只是在学校这个小圈子里塑造成的表象。学校其实是社会的一个简单模式，在这个简单模式中获得优势，未必给人带来了真正的实力。然而，这种所谓的优势却塑造了人的心态，让人陷入惯性思维，习惯于在舒适圈中生活，无法正确对待挫折，也无法果断做出选择，即使做出了尝试，也很容易被挫折和失败击倒。

当然，这一切都是可以改变的，关键是意识到自己的问题。既然是聪明人，在意识到自己的问题后，总会想出解决办法的。

## 你是你达成目标道路上唯一的障碍

尼克松在回忆录《角斗场上》开篇讲述了一个重要的观点——**没有一种努力是不伴随着失败的**。要在一个月、一年，甚至两三年内不遇到失败是有可能做到的，一生都没有失败过则是不可能的。比暂时的失败更可怕的，是不知不觉地走入困境。暂时失败后还能重新开始，但不知不觉地走入困境后，你可能不仅不知道该如何走出来，甚至不知道自己身处困境。人和人命运的差别不在于处于顺境时谁走得更快，而在于遇到困境时谁能走出来。

虽然走出困境的方法有很多种，但大多数方法背后的道理是相通的。概括来讲，成功走出困境的人大抵在两方面，即如何看待困境和如何根据具体情况采用一种可操作的方法走出困境，都做得非常好。

## 如何看待困境

在正确认识困境这方面,对我启发比较大的是莱斯·布朗(Les Brown)。他的一些看法和我不谋而合,只是我的想法一直不成熟,而他的看法一下把我点明了,让我产生了"原来如此,这就是我所想"的感觉。

布朗曾经担任过美国俄亥俄州的议员,主办过电视节目,写过很多书,也是著名的演说家。他生活、事业都有成,但你可能想不到的是,他一开始的条件其实比大部分人都差。用一句俗话来说,他就是"在起跑线上输得一塌糊涂"。

布朗是一位非洲裔美国人,1945年出生在迈阿密的贫民区,从小被养父母带大。在学校里,他并不是一个聪明的孩子,英语成绩很差,甚至留过级,你完全想不到他后来能写很多书。长大以后,布朗的运气也不算好,他离过婚,得过癌症,但是他都挺过来了。克服了无数困境后,他一步步实现了自己的美国梦,他的演说也鼓励了成千上万的人。

对于困境,布朗是这样理解的。谁都会遇到困境,有些事情说出来别人觉得很普通,但发生在自己身上时就知道有多难了。比如,某个关键的考试没考好,多年的努力付诸东流;家里人生了病，却没有钱医治；有孩子要抚养，配偶却撒手人寰；人到中年丢了工作，这个年纪又很难再找一份……因此，如果你不幸陷入了困境，不要自怨自艾，因为并不只是你运气不好。人们通常都有一种心理——自己的处境好不好，常常是和周围的人比较之后产生的主观感受；当看到周围人的处境和自己差不多时，心里就会好受很多。

那么，我们该如何看待困境呢？布朗说，**困境是留给你以后回过头来看的，不是给你现在看的**。这句话非常有道理。困境就像一道难题，是让你解决的，而不是把你拦在这里，让你在人生路上从此止步的。当你走过这个困境，无论是如何走过的，回过头来看时，你都会发出两个感慨：首先，困境不过如此，我是能够走过来的；其次，如果不是遇到了那样的考验，我也不会成为今天的自己。

我有时会想，如果我从来没有遇到过任何困境，那我的生活基本上也不会发生什么改变，今天的我和十年前的我可能没什么区别，十年后的我和今天的我恐怕也差不多。或许我唯一的变化就是不断衰老，能力变得越来越差。

布朗有两句话说得非常好，我一直铭记在心。第一句是，"如果你挑容易的事情做，你的生活就将艰难"。第二句是，"你是你达成目标道路上唯一的障碍"[1]。人在遇到困境时，最可怕的不是困境本身，而是因为困境变得消沉，如同被斗败的公鸡，打不起精神。这就如同在股市上，最可怕的不是股价暴跌，而是对股价暴跌本身的恐惧。

你可能注意过这样一个现象：同样是遇到困难和失败，有些人会长时间陷入消沉，无精打采，或者经常抱怨，"我怎么就这么倒霉啊""我怎么就没有某某运气好啊"；有些人则像布朗说的那样，会把失败当作一种历练。人天生并没有多大的不同，但为什么在对待困境上会有如此大的差异呢？据我观察，这主要是因为不同的经历已经把他们塑造成了不同的人。

没有人天生希望自己消沉，但是如果经历了太多次失败，那想不消沉都难。久而久之，这些人就会陷入失败恐惧症，一旦遭受到一点点挫折，就如同掉进了一个看不见光亮的洞穴。你可能见过一些经常在牌桌上输钱的赌徒，看到别人看书他都紧张，更不要说把"输"这个音读出来了。这就是失败恐惧症。

要避免陷入这种恐惧，就要慎重出战，在做事之前尽可能把所有失败的情况考虑到。很多人不认真准备就匆匆忙忙地开

---

[1] 这两句话的原文分别是"Do what is easy and your life will be hard"和"You are the only real obstacle in your path to a fulfilling life"。

始做事情，甚至是有时间准备，却觉得不如多尝试几次。这其实是一种投入产出比非常低的做法。很多人可能会觉得，一件事，如果花100%的功夫做就一定能做成，而花1%的功夫做有1%的成功可能性，那花1%的功夫尝试100次也能成功。但实际上，如果你懂一些概率论的知识，就会知道用后一种做法，尝试260次才能保证95%的成功可能性，效率非常低。更可怕的是，经常性失败会让人丧失信心，还会让人养成极度不良的习惯。再往后，他们会动不动就自怨自艾，一旦不顺利就有很大的怨气，把自己陷入困境的原因通通归结于命运。

**要防范哪些错误做法**

当然，即便我们想尽了办法避免陷入困境，还是会因为种种原因遇到它。这时，我们需要有系统的办法走出困境。不过，在讲有效走出困境的方法之前，先说说两个需要防范的错误做法。

**首先，也是最重要的，不要有赌徒心理，不要让自己陷得更深。**

很多人总是改不了赌徒的习惯，遇到困境就咬牙切齿地下狠心，心里对自己喊一声"拼了"，然后把自己的老本都押上去。有雄心，有毅力，坚忍不拔，这都是好事。但是，不顾一切地蛮干，甚至带着愤愤的心态，赌上自己的一切去工作，不仅不能解决问题，还可能会陷入更深的困境。

我们的智慧和力量是用来解决问题的，而不是用来和自己较劲的。你可能遇到过这样的人，你和他下棋，他要是输了，就会说这盘是我不小心，被你偷吃了车，咱们再来一盘。然后，他越下越生气，一盘接一盘地输。其实，他不是输给了你，而是输给了他自己。

更糟糕的是，当一个人开始用赌徒心理追求目标时，也会吸引来一些想要利用他的心理压力、迎合他的需求，以趁机占便宜的人。就拿前面下棋的例子来说，你只要有点经验，就很容易引诱他犯更多错误。在余华的小说《活着》中，主人公徐福贵就是这样一位越陷越深的赌徒。在恶霸龙二的引诱下，他越赌越输，越输越赌，直到输光家产和老宅。当然，有人会说那只是艺术创作。但实际上，在现实生活中，比徐福贵更惨的赌徒有很多。比如，曾经是世界首富之一的亨特兄弟[1]在20世纪70年代试图控制全世界的白银，最后破产了事；因发明集装

---

[1] 指得克萨斯州石油巨头 H. L. 亨特之子，尼尔森·B. 亨特（Nelson Bunker Hunt）和威廉·H. 亨特（William Herbert Hunt）。

箱而成为亿万富翁的麦克莱恩（Malcolm P. McLean），则因为不断对赌石油失败而破产。

赌性不仅会让人损失金钱，还会毁掉人的一生。中国古代有一大批读书人，一辈子只干一件事——考科举，很多人到老都还是个童生。其实用今天的话来说，绝大部分屡试不中的人就不是读书的料。如果他们能及早意识到这一点，也不至于一直在困境中走不出来，赌上一生的时光。相比之下，明朝的李时珍和宋应星就聪明得多，几次科举失利后，他们意识到自己已经陷入了困境，然后把时间和精力用来做更有用的事，进而成功走出了困境。李时珍因为写下了《本草纲目》被后人称为"药圣"，宋应星则因为写下了《天工开物》而流芳百世。

当然，有人可能会说，一旦考中科举，回报很高啊。其实，说科举回报高，主要还是因为那些人有本事，否则光会考试也没用。中国历史上最会考科举的恐怕是唐朝的进士张鷟。据统计，他一生考中了七八次科举[1]。张鷟出生于一个书香世家，非常聪明，从小就想通过考科举成为宰辅重臣，并且在17岁时就

---

[1] 唐朝的科举制度分为常举和制举两种，常举是指每年分科举行的科举，制举是指由皇帝临时下诏举行的科举。在唐朝，考中科举后不会直接授官，甚至低品级的小官如果得不到升迁，还需要再重新考科举。

高中了进士。在有"五十少进士"说法的唐朝,这算是非常了不起的了。但是他为人不踏实,也没有显示出很强的做事能力,除了会考试,没有什么让人称道的地方。因此他只能当小官,中间还经常赋闲在家。虽然他曾经很短暂地做过吏部侍郎,但因为为人轻浮,被名相姚崇等人厌恶,不断被贬谪,最终只能在一个从九品县尉小官的任上结束了40年的职业生涯。张鷟一生能在科举考场上不断高中,显然是极为聪明的,但是他到最后都没搞清楚自己仕途不顺的症结在哪里,而是把生命都押在了科举上。

**其次,要防范走入另一个极端,即在成败还没有完全确定时,一看苗头不对,马上改变策略。**

今天有个词叫"闪",它本来不是贬义词,却成了很多人做事不愿意往深里做的借口。这类人做事,只要遇到一点麻烦,就想着换一件来做,这和前面那种"一条道走到黑"的做法恰恰相反,而它带来的结果往往是让人在不同的错误之间来回摆荡。

世界上大部分事情,从行动到结果总是有时间延迟的。比如,你开车时加速,马上就有了加速度,但一开始速度依然很慢,需要加速一段时间才能快起来。因此,我们不能根据现在的速度来判定加速是否有效,而是要看一段时间。如果看到一时速度没有快起来就松开了油门，那就永远快不上去了。我们平时做事也是如此，比如今天努力学习了，其结果可能要几周后才能看出来，可能要再过几周才能得到老师的肯定。有些人比较心急，做了点事情，就急着要马上见到结果；一旦没见到结果，就立马放弃。如果一直这样，那他们什么事情都做不成。

我刚读高中时，中国国家男子足球队"差一点"就进入了世界杯决赛。现在 40 年过去了，就算是当时刚出生的球员也已经退役 10 年了，中国国家男子足球队还是在"差一点"就出线的死胡同里转悠。这里的原因有很多，但是球队成绩稍不如意就换教练是很重要的一个。在这 40 年里，中国国家男子足球队的主教练（包括代理教练）多达 24 人，其中里皮担任过两次。如果只是数量多还不是最可怕的，最可怕的是，这 24 个人特点迥异，相互之间完全没有继承性。任何一种战术从训练到熟练掌握都需要时间，每次在还没有熟练掌握之前就换教练，那球队就永远形成不了自己的特点。相比之下，德国国家男子足球队在同样的时间段里只有 6 位主教练，其中勒夫（Joachim Löw）掌管球队长达 15 年。在这期间，他也经历过失败，但最终还是带领球队夺得了世界杯的冠军。

## 如何走出困境

世界上大部分人或多或少都曾经走出过困境，他们所用的方法可能各不相同，但概括起来，无非是三类。

**第一类方法是花很长时间从根本上提高自己的能力，争取避免陷入困境。**

在这方面，已故的 NBA 球星科比的做法很值得每个人学习。科比在高中毕业后就直接进入了 NBA，这种情况非常少见，因为绝大部分人要先打四年大学联赛才能参加 NBA 选秀。科比能够越过大学联赛的阶段，说明他自身条件很好，过去的成绩也不错。可是到了 NBA 赛场上，科比大失水准。有一次比赛，他一连 5 个球都没有投进，这可太丢人了。要知道，科比高中时投篮可是非常准的。

如果你遇到这种情况，你会觉得是什么原因？心理紧张？或者是运气不好？科比没有这样找原因。他说，他意识到自己的能力还不足以应付 NBA 高强度的比赛。他以前打高中篮球联赛，一年也就 30 多场比赛，球员有充足的时间休息。而在 NBA，一年光常规赛就有 80 多场，再加上季后赛，可能要达到上百场，平均几天就有一场，腿都软了。投篮时连站都站不稳，就别说进球了。科比说，从那次他就意识到，自己还没有准备好在 NBA 打球，要适应 NBA 的节奏，就要把腿部练得特别强壮。当然，他后来不仅把腿练强壮了，还把各方面的技能都提高了一大截，从而适应了 NBA 的比赛。

你可能也有过这样的体会：做数学题半天都做不出来，再怎么咬牙努力做都没用。其实，这是因为你根本没学好，你的能力还不足以应付那道题。这时你该做的就是再去学习。

人这一生，最容易陷入困境的是以下三个时间段：

1. 从学校毕业进入社会开始工作，或者工作几年后准备换工作。

2. 从单身到结婚，从两个人生活到有了孩子，从只需要照顾一个小家庭到要照顾老人，进入上有老、下有小的状态。

3. 身体不如以前了，精力和记忆力也在衰退，面对着接下来怎样生活和工作的问题。

如果在这些时候没有准备好，那你大概率会陷入困境，而这些困境很可能就和你能力不足有关。

科比说了一句话，我觉得很有道理。他说："你可能并不足够了解自己，你的一些长处和短处还没有被你发现。当遇到处理不了的客观困难时，可能是你那些潜在的短处在起作用，而你的长处没有得到发挥。"科比还说，遇到困难时，不要太理会外界的事情，找到自己的长处和短处，把该准备的能力准备好就行。可以说，科比的做法就是在找到问题之后，通过长期的努力提高自己应对困境的能力，让自己不要陷进去，至少不要陷得很深。

**第二类方法其实很多人都在使用，就是掌握系统的纠错法。** 对此，我用设计计算机程序的思路做了一个总结。

我们知道，计算机的程序是一层层互相嵌套的，一个程序中有几个大模块，每个大模块中有几个小模块，小模块中又有一些步骤。同样，我们做事其实也是按照自己无意间设计的程序一步步来的。今天陷入困境，就如同程序陷入了一个死循环。那么，怎么找到问题所在呢？

很多人这时会抓狂，一会儿怀疑自己的方向错了，一会儿怀疑自己的方法错了，一会儿又怀疑自己哪里做得不好。没有系统的纠错法，东试试西试试，只会浪费时间，无法让人走出困境。

在编程时查过错的人都有这样一种经验：检查错误要从具体的细节开始，先看看小模块里的步骤对不对。比如，如果程序是运行到第一个大模块的第二个小模块时死机的，那要先检查这个小模块里的步骤，而不是从头看一遍。如果这个小模块里的步骤没有问题，那问题就可能出在更高一层。这时再去看大模块的设计是否有问题，去看不同小模块之间是否有逻辑漏洞。如果还没有找到问题，就再向上溯源，看看整个程序的设计是否合理。最后再考虑自己的方向是否正确，这个程序所做的事情是否符合自己最初的想法。这种纠错的次序不能颠倒。

人陷入困境后，首先需要考虑具体的做法是否有问题，这就如同检查小模块里面的步骤。如果做法没问题，接下来要检查自己做事的想法是否有问题，这就如同在检查整个大模块的内部逻辑。如果还是没问题，就要考虑这件事是不是不该做，或者是不是一开始的想法错了，这就如同检查整个程序所做的事情是否符合设计者最初的想法。

一般来说，在具体做法上出问题的可能性最大，在想法上出问题的可能性次之，在方向上出问题的可能性又次之。人陷入困境，是一步步从高层到低层走进去的；走出来时则要反着来，一步步从具体的做法中走出去，千万不要一开始就把一切推倒重来。这就像是跑程序的时候，某个地方出现了死循环，千万不要上来就把整个程序都删了。

**第三类方法是保证在任何时候都能发挥出自己八成的水平。**

我在《态度》一书中讲到，职业运动员和业余运动员的差别就在于前者能稳定维持在一个较高的水平。后来，在我女儿开始代表学校征战高中高尔夫球联赛后,我又观察到一个现象,就是好的运动员会在陷入困境时切换到另一个模式,让自己发挥出八成的水平。

很多人觉得高尔夫球是退休男性的运动,这其实是一个误解。高尔夫球比赛的强度其实超出一般人的想象,比赛强度大的时候,需要一天打两场,比赛时间累计 9 小时,行走距离超过 16 公里。因此,打到后面,运动员肯定发挥不出一开始的水平。优秀运动员和一般运动员的差距,不在于大家体力都很好时的发挥,而在于体力严重下降,或者陷入其他困境时的应对策略。有经验的好运动员会在这时适当降低对每一个球的要求,采用一些相对稳妥的打法。这样虽然会丢一些分,但可以避免陷入无法补救的困境。

你可能也注意到了智能手机和平板电脑的一个特点——当电量只剩下一点时,它们会自动以低速运行,甚至关掉一些不重要的应用软件,尽量延长待机时间,以免影响正常使用。这其实就是在遇到困境时,让自己维持在八成水平的保守做法。

\*

人在追求目标时都会遇到困境,别人的处境并不见得比你更好。这种时候,不要抓狂,不要赌,也不要沉沦。记住布朗说的那句话:"你是你达成目标道路上唯一的障碍。"冷静下来想一想自己是如何走入困境的,再一层层解套走出来。很多时候,你遇到麻烦,是因为你还没有为新的环境准备好相应的能力,那就把它们准备好再出发吧。

## 把低质量的词从你的词典里删掉

我们每个人都在不断学习新词,同时也会忘掉一些曾经常用的词,因为语言是不断迭代发展的。特别是互联网兴起后,词语迭代的速度更是在不断加快。不过,有时我们最好是能刻意从自己的词典中删除一些词,这样就能更加专注于自己的目标,不至于走偏了路。下面就来看看我从词典里删掉了什么词,以及为什么要删掉它们。

**赛道**

我从我的词典里删掉的第一个词是"赛道"。当然,我说的不是运动场上真实的赛道,而是今天产业和投资等领域频频出现的那个比喻意义的"赛道"。

据我了解,"赛道"的这种用法最早始于风险投资领域,大约出现在 2010 年前后。当初,一些风险投资人赌某个新兴行业将来会发展得好，但是又无法估计具体是哪家公司能成为最终的赢家，于是就在这个行业选择好几家当时发展还不错的公司全面投资。这样，只要将来有一家公司上市或者被高价收购了，即便其他投资都失败了也能赚到钱。这就如同不是挑选唯一的运动员来押注，而是同时押注一条赛道上的多个运动员，因此这种做法被称为"赌赛道"。

不过，如果你看一下过去十多年里那么多基金赌赛道的结果，就会发现它们的投资回报其实和赌赛道无关。中国最早的一批风险投资机构包括IDG、红杉资本等。不管事后怎么说，它们的实际做法就是哪家公司看着顺眼、在美国有类似公司成功的先例可以做参考，就投哪家。IDG最初的合伙人熊晓鸽有一次说，早年间，因为中国资产的价格很便宜，所有领域又几乎都是空白的，所以怎么投资都挣钱；大约每投5～10家公司，就有1家能上市。而今天，投资100家公司，可能都不会有1家能上市。红杉资本的情况也大致如此。也就是说，当时大的经济环境保证了这些投资的成功。当然，投资者可以根据结果总结原因，但那些事后总结出来的原因是否是真正的原因就要另说了。

我最初在国内做风险投资是2007—2008年，我和几位朋友一起创办了中国世纪基金。当时中国已经有不少投资机构了，虽然"赛道"这个说法还没有流行起来，但很多投资机构的做法其实就是在赌赛道。在那之后直到2013年的五六年里，大批风险投资机构先后赌了三个赛道——在线视频、电子商务和团购。

最终的结果，在线视频和团购这两个赛道几乎团灭，绝大部分投资人都血本无归。虽然从在线视频赛道杀出了土豆、优酷和爱奇艺三家看得过去的公司，但最终上市的表现都不好，从投资的角度看回报不高。团购赛道只杀出个美团，这还不是因为这个赛道好，而是因为王兴这个人太厉害。至于电子商务赛道，虽然没有团灭，但当时的一批公司中，除了京东都没有成为好的投资对象。当初被资本市场看好的凡客、1号店等，后来都淡出了大众的视野。也就是说，赌赛道的结果，只不过是把投资人的钱拿去给创业者练手了。

我当时和朋友们在国内投资，只秉承两个原则：一是看人是否值得信赖，二是看这家企业在中国未来的市场前景。至于创业者做什么、原来是什么背景，我们并不看重。我们当时投资的数额并不小，但因为只投资后期企业，对每家企业的投资数额较大，因此投资的企业数量并不多，只有不到10家。至今，每家企业做的是什么，我都能如数家珍般地说出来。

在我们投资的企业中，有工程和工业领域的，有互联网领域的，有在线支付领域的，有教育领域的，还有一家做互联网金融的。这些创业者中，有海归，有40多岁的第一代企业家，有20多岁的所谓"富二代"，也有原来在国内企业做高管的人，可以说是什么背景都有。投资的结果是，除了一家企业亏了钱，剩下了的要么上市了，要么被高价收购了。而那家亏损的也是因为搞互联网金融，有不合规问题，于是关门了。

我们能做到比较好的投资效果，倒不是因为我们本事有多大，而是因为我们找到了做事情的正确方法。首先，我们赶上了中国蓬勃发展的大环境。当时，中国企业的估值一般只有美国同类企业的一半左右，但到了2013年，当我们把这个基金关闭时，中国企业的估值已经是美国同类企业的3倍了。其次，我们不赌赛道，只看创业者和创业项目的内在价值。

之所以说赌赛道的做法毫无意义，不仅是因为我们有这样的投资经验，还因为其他成功投资人的经验也说明了这个道理。在中国，最成功的风险投资人当属孙正义，他除了投资阿里巴巴，还投资了滴滴、饿了么和字节跳动，投资的公司数量并不多，但回报极高。他在投资时并不会预测某个赛道能否发展得好，也不会去和别人挤赛道。

那么，为什么赌赛道不管用呢？

赌赛道的第一个错误在于"赌"字。我这一生靠做生意挣过钱，也靠打工、当顾问、做对冲基金和风险投资挣过钱，唯独没靠赌挣过钱。赌这件事我从来想都不想，所谓"小赌怡情"的说法，在我头脑里就等同于"小偷小摸不算偷"。我去过拉斯维加斯十几次，有时全家吃一顿饭、看一场舞台剧就会花掉上千美元，但我在各种赌博（包括老虎机）上花的钱总共不超过20美元。

赌赛道的第二个错误在于它违背了控制论的基本原理。任何带有反馈的系统，给它一个输入，它在产生输出的同时都会形成一个反馈，而这个反馈又会影响接下来的输入和输出。当很多人都在赌同一个赛道时，那个赛道就变成俗话说的"钱多人傻"的地方了，原本不值钱的投资项目也会变得很贵，即便你投资的公司做成了，回报率也高不了。很多人问我学那些通识知识、大学课程有什么用，其实学了主要就是为了懂得这样的道理。人但凡懂一点控制论的道理，就会知道不应该去和别人挤什么赛道。

**多快好省**

我从词典里删掉的第二个词是"多快好省"。"多快好省"是很多人做事情时追求的目标，但是我自己从来没有做到过。

不仅我没有做到过，据我观察，我周围也没有人做到过。

当然，有人可能会说，你做不到只能说明你本事不够。今天技术进步了，生产力提高了，我们制造的产品相比于古代就做到了多快好省；将来技术继续进步，生产力进一步提高，比起今天也能做到多快好省。但我认为这种对比没什么意义，因为这就如同一个21世纪的人去和牛顿比较谁掌握的物理知识多，然后说自己比牛顿伟大。如果随意扩大对比范围，我们也可以说当今的任何一个人都比原始人掌握的知识多，但这基本上就是一句废话。对于现实中的做事来说，我们要在合理的时间范围和空间范围之内，进行有可对比性的比较。

在同时代、同技术条件下，一个做事水平很差的人，可能会少慢差费；但水平再高的人，也做不到多快好省。因为多就不可能快，好就不可能省。这就如同你不可能既要马儿跑，又要马儿不吃草。

据我观察，有两类人喜欢标榜多快好省。第一类人其实是靠牺牲质量追求数量，甚至把偷工减料说成节省。第二类人更恶劣，他们说多快好省，只是在用"低成本高效率"的幌子引人上钩，让人不断追加投入。最后，别人花费了不合理的时间和金钱，却发现其实根本做不到什么低成本高效率。

多快好省可能是一种美好的愿望，但在现实中做事时讲多快好省，近似于一种妄念。心存这种妄念的人会希望能花很少的成本，甚至不花成本，来获得很多的东西。那什么样的人会被这样的妄念吸引呢？首先，是缺乏专业知识和社会经验的人，他们容易低估做事情的难度和成本。其次，是思维比较单一的人，他们不理解多个维度之间的互相作用和影响。比如，追求速度难免就会降低质量，眼睛只盯着一个维度，就看不到其他维度可能存在的损失。最后，是觉得自己比别人运气更好、觉得自己能占到便宜的人。

我的一位朋友在国内做室内装修生意多年。他告诉我，很多人在找装修公司时容易上当，因为他们会相信一个成本都要15万元的装修项目，有公司用10万元就能做下来。有的客户拿到装修公司10万元的报价，觉得自己实现了又好又省钱的目标，结果装修到一半就发现自己上当了。

听到他这么说，我就想起了我一个邻居盖新房子的经历。当时有一家承包商给出的报价比市场上正常的价格低了25%，邻居觉得很划算，而且合同中对各种可能存在的质量问题也都防范到了。但他们忽略了一点，就是工期。那家承包商之所以愿意以超低价承包这个工程，就是打算让建筑工人在不忙的时候顺便盖这栋房子。结果一个夏天过去，才打好房子的地基，眼看着就要到加州的雨季了。而邻居的房子是木结构的，不能在下雨天修建，否则就会被雨水泡坏。这家人向承包商催工，说对方不卖力，要解雇对方。之后他们被搞得焦头烂额，花了不少钱打官司，才解雇了这家公司，另找了一家专业公司接手。最后，他们是既耽误了时间，又多花了10%的钱。

对我来讲，用合理的价钱、成本或时间得到一个好结果，远远胜过用便宜的价钱很快得到一个不满意的结果。

**弯道超车**

我从词典里删掉的第三个词是"弯道超车"。所谓"弯道超车"，不是指开车时的超车，而是指企业或者个人在某些变化或人生节点上使用非常规手段超越前面的竞争对手。

我自己算是半个超跑爱好者，深知在弯道强行超车的危险性。我也现场看过世界一级方程式锦标赛（F1）等赛车比赛，知道即便是在那种人为设计出来的弯道比例很高的赛车道上，弯道超车也是很少见的事情。而在真实的高速公路上，其实没有多少急转弯可以让你弯道超车。如果你跑过从北京到上海的高速公路，就会发现1000多公里的道路上，能够称得上"弯道"的急弯，一个巴掌就能数得出来。因此就算你专门练就了弯道超车的本领（假如这种本领存在的话），指望在弯道超越别人恐怕也要失望了。

超车这件事,说难也难,说简单也简单。说穿了,就看两点:一是车的性能优越,主要是功率和可操作性;二是你的技术高超。有了这两点,什么路你都能超车,从北京到上海这1000多公里,处处都是你的超车地段。但是,缺了第一点,不管什么时候想超车,你都会感到力不从心。假如你开的是一辆小型四缸发动机的轿车,那技术再好也超不过保时捷。缺了第二点,车再好你也驾驭不了,如果还想弯道超车,就容易车毁人亡。

在商业竞争或者个人发展的过程中,所谓的弯道超车就更不靠谱了。中国在过去的40多年里发展得不错,但哪项成就是靠弯道超车完成的?今天很多人一说起中国建设的成就,就会想到高铁,觉得这就是弯道超车。但实际上,中国高铁的建设是一步一个脚印走过来的。从最初的不如日本、法国,到慢慢接近它们的水平,再到达到它们的水平,最后再实现超越。这个过程用了20多年。中国之所以能完成这个壮举,一是因为投资大,这就如同发动机的功率大;二是因为政策好,这就如同技术高。相比之下,美国既不肯投入资金,又不可能出台建高铁的政策,于是高铁就只能永远停留在纸上;就算有超级高铁(Hyperloop)这种想法,也不可能有所谓的弯道超车。

人一生的发展道路和从北京到上海的高速公路很相似，大部分地方都是直的，能遇到的岔路口或者急转弯很少。不要指望一次正确的决定，能帮你省去在职业上几十年的努力。再说了，只要你的汽车性能够好，驾驶技术够高，那想什么时候超车就什么时候超，根本没必要把注意力放在几个弯道上。

*

我之所以把上面几个词从我的词典里删掉，是因为在现实中看到了它们的不合理和不切实际之处。维特根斯坦说，语言会影响甚至塑造我们的思维。所以，要提升自己的思维水平，不妨定期把一些低质量的词从自己的词典中删去吧。

## 成熟的自律

在任何国家、任何文化中,自律都被看成一种美德。一个人要想成为自己的主人或者社会的主人,就要做到自律。但事实是大部分人都做不到这一点。有些人问我怎样才能做到自律,过去我也说不到点子上,因为很多在我看来很容易做到的事情,比如早起、不暴饮暴食,确实有很多人坚持不下来,但我说不出原因。后来,我读了美国心理医生斯科特·派克(Scott Peck)写的《少有人走的路》一书,发现他从一个全新的角度解释了什么是自律,以及怎样做到自律,我觉得很受启发。

什么算是自律?遵纪守法或者做到自我约束就算自律了吗?其实,自律所涉及的内容比简单的自我约束更多。过去很多宗教组织和帮会组织内部有很多严格的规定,以至于里面的人不敢做某些事情。这只是一种被迫的自律,或者说不成熟的自律,因为那些人其实备受煎熬,以至于在组织管不到时会悄悄违反规矩。比如,很多禁酒的国家总会有人私自酿酒并且形成交易酒的黑市。但是真正在饮酒方面自律的人,即使有人把美酒端到他面前，他也不会喝。我们所期望的自律是后一种自律。如果一个人做不到成熟的自律，自己的行为却各种被限制，时间长了就会出现心理问题。用俗话来说，就是会被逼疯的。

至于如何做到真正的自律，而不是被动地被管束，派克给了很多建议，其中有三个我认为最有价值。

### 自律的基础是自我价值的认可

派克说，自律的基础是自我价值的认可，我非常赞同。过去读李白的诗，读到"天生我才必有用"这句话，我觉得茅塞顿开。而在现代社会，人总会有一种困惑，就是不知道自己要如何在复杂的环境中生存。当人遭遇太多逆境时，特别容易消沉放弃，出现懒惰、拖延、暴饮暴食等问题。有人会说这是不自律，但这只是表面现象，问题的深层在于，人在一个复杂的环境中不断遭遇挫折，很容易找不到自己的价值，甚至是否认自己的价值，进而自我放弃。

在本书中，我之所以专门用一章的篇幅谈主动性，是因为它对今天的人，特别是生活在大都市复杂社会中的人非常重要。而培养主动性，可以从认可自己的价值开始。当一个人认同自己所做的事情是有价值的，他就会自然而然地去做，这其实就是主动性。相反，当他觉得自己所做的事情是无用的，只是为了混口饭吃，那他通常会能拖就拖，这在外人看来就是缺乏主动性。

根据我的观察，如果一个人把自己的时间看成有价值的资源，即使不让他抓紧时间，他也会珍惜每一分钟。相反，如果一个人不觉得自己的时间有什么价值，甚至完全否定了自己的价值，那他自然不会珍惜时间。因此，想要做到自律，应该从自我珍惜、自我照顾、认可自我价值开始。有了这个基础的认知，认同自己一生要做点有价值的事，就会以积极的态度面对自己，然后才能以积极的态度面对痛苦，解决问题。

说到这里，可能有人要问，为什么有人会否定自己的价值呢？派克认为，这和童年的经历，特别是原生家庭的影响有关。从某种角度来讲，我们的人生都是所谓二手的人生，父母总会把他们的经验和喜怒哀乐加到我们身上，只是双方都不自知罢了。当一个人只是在按照父母或者他人的要求生活，他就很难体会到自己的价值。

我对比过很多国家的青少年教育，发现中国父母有一个共同的问题，就是往往会把自己没有实现的理想转嫁给孩子，让孩子替自己去实现。很多家长会对孩子说，爸爸妈妈就是吃了读书少的苦，你一定要努力学习，将来考上一个好大学。这些孩子过的其实就是二手人生。

父母的影响不一定都是坏的，也有很多亲子传承的佳话。比如，诺贝尔奖的获奖者中有一些亲子两代人分别获奖的例子，这就和父母的正面影响有关。但是，相比于正面影响，我们更需要避免把来自家庭的负面影响加到孩子身上。我经常讲，年轻人要学会和过去的经历以及原生家庭的影响做切割，只有这样才能活出自己的样子。无论自己的原生家庭是好还是坏，都不应该决定我们的人生态度。有不少大学毕业生问我，父母希望他们回到自己家所在的三四线城市，找一份铁饭碗的工作，他们不愿意，但很矛盾，问我该怎么办。其实，只要想一想自己 20 年后想要什么样的生活，就会有答案了。

简而言之，**对自我价值的认可是自律的基础。**

## 不自律就会失去自由

在《少有人走的路》中，派克谈到了逃避责任和失去自由的关系。他认为，不自律就会失去自由。一个人所承担的责任，和他所拥有的自由是成正比的。比如在一个单位，一个人总是怕承担责任，凡事都要让领导点头再做；遇到麻烦时，首先想到的也是如何逃避责任，那用不了多久，他就会在单位失去自由，成为他人的附庸。

有时候我们说一个人很不自律，也是因为他在逃避自己的责任。责任虽然可能是一种负担，但往往也支撑着一个人自立。逃避责任，一时间好像可以让人得到解脱，长远来看却会让人陷入更长时间的烦恼，因为逃避责任必然导致失去自由。

失去自由之后，人就会成为牺牲品——别人的牺牲品、单位的牺牲品、社会的牺牲品。在这种情况下，人的心理很容易变得极不健康，还会感觉都是外界在迫害自己。你可能也遇到过这种情况，有的朋友总会向你抱怨各种事情，觉得所有人都在针对自己。其实，如果追溯这些抱怨的根源，有时未必是外界在迫害他，而是他自己先选择了逃避责任。

我们说一个人要自律，最重要的不是要遵纪守法等，而是要勇于承担自己身上的责任。**责任可能会让人感觉沉重，但不接受这种沉重，人就无法真正成熟。**

在《少有人走的路》中，派克还讲到了逃避责任可能会成为一种大众行为。比如，第二次世界大战期间的德国和日本，就出现了一种大众层面的逃避责任，最终也导致人们失去了自由。对于这段历史，你应该不陌生，这里我就不展开细讲了。

## 找到正确的人生地图

所谓人生地图,是派克在书中提出的一个概念,指的是某些人生经历会让我们形成一些价值观,而在遇到问题时,我们又会用这些价值观来做判断。那什么样的人生地图是过时的呢?派克说,主要是我们在童年时期形成的很多价值观。这些在童年时期形成的价值观到成年时期就不再适用了,但我们却没有抛弃它们,这就是一直在使用过时的人生地图。

举一个真实的例子。我在约翰·霍普金斯大学遇到过一个从清华来的学霸,他出国之后花了10年时间才拿到博士学位,比其他人多花了4年。而他一个学霸之所以读博士这么费劲,就是因为他使用了过时的人生地图。

在成长过程中,他从小学就是班级考试中的第一名,然后中学、大学也都是第一名。每到一个新环境,他给自己树立的奋斗目标都是好好学习,在各门课程的考试中超过其他所有人。但凡前面有一个人,都会让他觉得自己没做好,然后会加倍努力。

这看上去很有志气吧?可等到读博士,问题就来了——没有人跟他比了,因为大家研究的课题都不一样,没有可比性;如果一定要比,也是自己和自己比。一个课题做不出来,是因为课题选错了,还是自己不够努力,又或者是方法走偏了?这些都没有现成的答案。最后,他反复换课题、换导师,折腾了10年才毕业。

自律是指依据自己的价值观来约束、指引自己的行为,但有时我们也要问,自己所用的价值观本身是不是可能有问题。派克说,人在小时候可能会因为某些经历产生一些固化的观念,而这些观念和后来的实际情况并不相符。在这种情况下,有人可能会抱怨世界错了,但实际上是我们用错了人生地图。对此,唯一的办法就是忠于事实,不断修正自己的人生地图。**只有用符合事实的人生地图来指引自己,才是理性的自律。**

*

自律是心智成熟的体现。我们知道,很难要求一个小学生非常自律,因为他的心智发育还没有完成,也就是俗话说的还不懂事。人在长大以后,心智发育完成了,就应该知道要有所为,有所不为。当然,心智成熟、做到自律是个慢功夫,很多人没有耐心不断优化自己去做到这一点。但是,如果做到了,你就会达到更高的自我境界,就会超出常人许多。

# 第三章
# 系统性地自我提升

▼

Chapter Three
**Improve Yourself Systematically**

人的进步是从细节开始的，细节的积累会导致结果的改变，但绝大多数人只能看到最后的结果，却会忽视其中的过程，特别是过程中的细节。在进步的过程中，人们通常会有的误区是求快，但快不等于最终走得远，甚至常常会欲速而不达。进步的关键在于每一步都走得有效，而不是来回摇摆，原地转圈，否则再快也没有用。

想做到有效的进步，关键在于掌握系统性的方法。否则，进步和后退都只是随机事件。人类在 17 世纪之后迎来了科学革命，在仅仅一百年的时间里取得的成就超过了过去文明史上几千年所取得的成就，就是因为人类在那个时代掌握了系统性的科学研究方法。同样，跟同龄人相比，我们最终能否走得更快、更远，也取决于能否掌握系统性进步的方法。

## 小习惯决定大成就

多年前，我听过一位学者做的报告，他对比了日本明治维新与中国近代历次变法和运动的差别。那位学者讲，日本人只是从习惯入手进行变革，几十年后，日本便步入了现代社会；近代中国则比较急，总是试图一口气改变文化。但在这个世界上，各国什么都在变，唯有自己的文化几乎没有改变。他那番话引起了我的深思，后来我慢慢改变了一些做事情的习惯，结果也就不同了。或者说，我就变成了另一个我。你可能想不到，改变习惯对一个人的好处可能远远超出我们的想象。

2018年，美国作家詹姆斯·克利尔（James Clear）出版了《掌控习惯》这本畅销书，又给了我一些新的启发。这本书的英文书名是 *Atomic Habits*，即"原子习惯"。顾名思义，就是那些小得不能再小的习惯。克利尔说，改变这些非常不起眼的小习惯，可能会给你带来惊人的成就。他举了这样一个例子。

这十几年里，英国在自行车项目的比赛中取得了非常好的成绩，拿了近200个世界冠军和大量的奥运会冠军。这个成绩是如何取得的？你可能会想到科学训练、更好的装备，等等。但实际上，英国人的进步来自一些小习惯的改变。比如，经常洗手，这是英国国家自行车队新的总教练戴夫·布雷斯福德（Dave Brailsford）的要求。那么，洗手和拿冠军有什么关系呢？其实，今天世界顶级运动员的水平都差不太多，谁发挥好一点谁就能拿冠军，发挥好很重要的一点是别得感冒这种小病，洗手则是预防感冒等传染性疾病最简单也最有效的办法。这样的事一般人注意不到，但你可能经常会看到这一类的报道，说某个顶级运动员临到比赛前身体出了小状况，结果发挥不好，等等。

布雷斯福德改的都是一些小习惯，而这些小习惯的改变积攒到一起，进步就大了。这些改变做起来并不复杂，只是其他国家的选手不太能注意到。我们不妨来看几个他们改变了的小习惯：

1. 赛前把座椅调舒服；
2. 赛前用酒精把轮胎橡胶擦干净，以提升轮胎的抓地力；
3. 运动衣增加电热功能，以保持肌肉运动最适合的温度；
4. 把运动员平时睡觉用的枕头和床垫调试得更舒服；
5. 选择更有利于运动员肌肉恢复的按摩油。

不过，最令我想不到的是这一条——把运自行车的厢式卡车内部涂成白色。因为这样做的话，如果赛前调整好的自行车落了灰，就可以及时发现，迅速擦掉，以避免影响自行车的性能。就这样，他们通过几百项很小的改进，在2008年的北京奥运会上拿到了10个项目中的6枚金牌；在2012年的伦敦奥运会上，他们再创佳绩，拿下7枚金牌，破了7项世界纪录；在2021年的东京奥运会上，英国依然是在自行车项目上获得金牌最多的国家。[1]

　　克利尔列举的那些习惯都属于原子习惯，每一个虽小，放在一起产生的影响却是巨大的。

　　克利尔关于小习惯决定结果的观点并非一家之言。写了《习惯的力量》一书的查尔斯·都希格（Charles Duhigg）也根据自己的体会发现，改掉一些很小的坏习惯会让人大变样。那么，什么算是小的坏习惯呢？这其实不难判断。比如，赖床，动不动就到厨房或者休息室找零食吃，每过几分钟就要低头看一下手机，一坐几个小时不挪窝，都是小的坏习惯，不需要为它们辩护，不用去解释它们是不是也有好的一面。其实对每个

---

1　因为《掌控习惯》出版于2018年，所以书中并未收录2021年举办的东京奥运会的结果。

人来讲，真正难的就是改掉这些小的坏习惯。

很多人都说，我也知道那么做不好，可就是改不了。克利尔和都希格对如何改变习惯做了很多研究，他们的一些建议我要么之前就用过，要么后来尝试过。我觉得至少有以下四个方法是可行的，而且操作起来也不难。

**第一，让自己处于一个好的环境。**

不要一味地强调杜绝坏习惯、养成好习惯的动机，这是靠不住的。虽然我们平时做事情时动机很重要，但是要改变习惯，它还真不太管用。比如，有些人想减肥，有些人想戒掉游戏，有些人想每天背10个英语单词，达成这些目标带来的好处大家也都知道，但你看看周围有几个人能做到？

想要戒除一个坏习惯或者养成一个好习惯，最不费力的方法就是置身于一个合适的环境。比如一个中学生，如果交了几个爱读书的朋友，他读书的习惯可能就养成了；如果交了几个爱逛夜店的朋友，那他不良的习惯可能也就养成了。同样，想减肥，就不要老跟喜欢吃自助餐、撸串的朋友一起出去吃饭了；想健身，就多交几个爱健身的朋友；想考研，就和补习班里几个下了大决心考研的人一起复习。

**第二，找到替代坏习惯的方法。**

一个人能不能戒掉坏习惯，和懂不懂道理没有丝毫关系。

比如，吸烟有害健康谁都知道，但很多人就是戒不掉。有些人把这种现象归结于缺乏毅力，但实际上，这和个人毅力的关系也不是很大。很多坏习惯的形成都是有原因的，那些原因不消除，再有毅力也没用。比如，很多人无法彻底戒烟是因为生活中有压力，而吸烟可以帮他们解压。克利尔在《掌控习惯》中给出了一个建议，简单地讲就是疏导。如果一个人发现自己吸烟是因为有压力，那就找其他解压的方法。替代方法找到了，戒烟就会容易很多。否则，等到有压力的时候，他还是会想要抽烟。

我虽然不抽烟，但是有一个吃零食的习惯。后来医生跟我讲，这其实也是很多人缓解压力的一种方法。我进谷歌不到一年，体重涨了十多斤，这倒不是我缺乏锻炼，而是我吃得太多。特别是工作紧张的时候，我就爱到休息室去吃点零食——那里的冰激凌、巧克力和土豆片都是免费的。后来我发现，其实还有一种放松的方式，那就是找人聊天。于是，我大约每工作两个小时就去一次休息室，做一杯咖啡或者泡一杯茶，然后逮着人就聊十分钟，放松了再回办公室。就这样，我吃零食的习惯也慢慢戒掉了。

都希格有过跟我类似的情况，他也是动不动就想到餐厅找吃的。后来他发现，自己其实是需要和别人聊天才去餐厅的。

于是，他改为每隔一小时在办公室找周围的一些人聊天。很快，他就不再总是想着去餐厅找吃的了，而且体重减了将近30斤。

人有时候戒不掉坏习惯，是因为没有找到它背后的原因。因此，不要把改不掉坏习惯简单归结为缺乏毅力。相比于提高毅力，更现实的方法是找到坏习惯背后的原因及其替代方法，这样再去戒就会容易得多。

**第三，把改变习惯的注意力放在启动上，而不是放在完成上。**

万事开头难。很多人想每天跑步，事先想得很好，觉得每天只花半个小时就可以了，但是能做到的人其实很少，这主要是因为他们懒得换鞋子、换衣服、下楼，或者懒得去健身房。但是，只要换好运动服装，开始下楼，后面的事情就很简单了。哪怕一开始只打算跑5分钟，等他们真的跑起来了，就会发现跑5分钟和20分钟的麻烦程度几乎是相同的，于是通常就会跑足够长的时间，跑到累为止。

很多人觉得，如果一件事容易做、方便做，就能养成习惯。克利尔在《掌控习惯》中也讲了这个观点。不过，根据我的观察，虽然不能说能否坚持做一件事与这件事的难易程度无关，但两者的关系也没有那么大。下面不妨来看一下三个很小的例子。

第一个例子，早上起床。很多人喜欢赖床，闹钟响了，想着按掉之后再睡3分钟，但常常一睡又睡过去10分钟、20分钟。早上的时间本来就紧张，少了这10分钟，可能就会被堵在早高峰的车流中，最后晚到公司半个小时。听到闹钟响就起床是件再容易不过的事了，但是很多人都做不到。

第二个例子，用跑步机跑步。今天很多人家里都有跑步机，但很多人是买了跑步机却常年不用，剩下的小部分人中也只有一部分会定期使用。买跑步机显然是为了更方便跑步，更便于养成锻炼的习惯，但是对大多数人来讲，更方便并没有让他们养成跑步的习惯。

第三个例子，手机、电脑上的各种学习软件和在线课程。很多软件开发者的初衷很好，想要提高青少年学生学习的趣味性，特别是要帮助学习困难、成绩较差的学生取得进步。但最后的结果是，有学习意愿的人，不管有没有这些工具都在学，只是有了以后进步更快；没有学习意愿的人，则不会因为有了这些工具而养成好学的习惯。

那么，到底怎么做才能有助于养成某个习惯呢？事实证明，遇到上述情况，人是需要有点狠劲的，不要把注意力放在怎么才能做完这件事上，而要放在每天必须开始上。比如，早上习惯赖床，就要有点狠劲，闹钟一响，就要一骨碌爬起来，其他的事情等会儿再说。想锻炼，到点了就去换鞋，哪怕今天不想跑，也要先把鞋换上。

我在约翰·霍普金斯大学读书时，晚上经常去游泳。虽然是室内游泳池，但在冬天，换了衣服后，我还是要磨蹭好一阵子才会下水。后来我想到了一个办法——到了游泳池边，脚伸下去感受一下水温，然后就直接跳下去。这不是一个科学的下水方法，但却是能够保证我毫不犹豫下水的最有效的方法。

一直这样迅速启动，只要能坚持 21 天，你就习以为常了。而能够启动，习惯也就形成了。

**第四，养成习惯不怕慢，就怕停下来，甚至走回头路。**

减肥的人肯定对此深有体会，因为一旦停下来，就会前功尽弃，甚至体重还会增加。这个原因其实也很简单，短期的减肥只是让脂肪细胞变小了，但它们的数量并没有减少，所以只要一停下来就会反弹。

我的医生跟我讲，要想真的减肥，就要坚持 7 年左右的时间，要等到老的脂肪细胞都死掉，而且身体适应了新的状态。在这么长的时间内，减肥速度的快慢不重要，重要的是不能停，更不能走回头路。很多人一开始决心很强，目标定得很好，但越是这样，就越难持久。因此，要改变习惯，长期坚持做一件事情，就需要降低做事情的门槛，让自己不容易停下来。

\*

说到培养习惯或者改变习惯，每个人可能都有自己的方法，因为每个人都有自己容易做到的事情和相对较难做到的事情。但是，有两点对所有人来说都是一样的。第一，我们需要不断用好习惯代替坏习惯；第二，我们要特别注意那些小习惯，因为看似不经意的小习惯可能会对我们产生巨大的影响。当然，比改变习惯更重要的，是要注意一开始就不要染上坏习惯。

当我们改掉一个小的坏习惯，或者培养起一个小的好习惯，哪怕它们再小，我们的生活质量也能在不需要额外资源、不需要花额外功夫的情况下有所提高。

## 个人发展，
## 要广度还是要深度

今天，很多人会纠结于自己到底该成为专才，在一个领域多花功夫，还是应该成为通才，在各个领域全面发展。这两种发展方向其实并不是完全对立的，只是侧重点不同。

关于如何培养专才，最有影响力的一本书可能要算马尔科姆·格拉德威尔（Malcolm Gladwell）的《异类》。在这本书中，格拉德威尔提出了几个非常鲜明的观点，比如一万小时定律，即想要做好一件事情，就需要花一万小时专门练习；再比如先发优势的决定性作用，即只要生对了月份，一开始比同年级同学大几个月，再表现稍微好一点，就容易成为孩子王，后来也更有可能成为领袖。这些观点有没有道理？有，因为它们有足够多的统计数据支持，而大量统计数据的背后是内在的必然性联系。

但是，格拉德威尔的观点可能并不全面，或者说有严格的使用场合。因此，美国作家大卫·爱泼斯坦（David Epstein）

写了《成长的边界》一书，专门针对格拉德威尔的几个主要观点提出了不同的看法。比如，针对一万小时定律，爱泼斯坦指出这只适用于非常强调专业性的领域，比如竞技体育、艺术、科学研究等。但是，今天世界上很多职位需要的是通才，如果每一种才能都要花上一万小时才能习得，人的时间就不够用了。另外，针对早年的先发优势，爱泼斯坦认为它对长期发展来讲帮助不大。

《成长的边界》的英文书名是 *Range*，直译过来就是"范围""广度"的意思。可以说，格拉德威尔在强调培养专才的深度，爱泼斯坦则在强调培养通才的广度，他从四个角度论述了自己的观点。

第一，世界上的事情可以分为两类。一类是规则明确的事情，比如学钢琴、打高尔夫球、做销售、编程序。这些事情的成功标准非常清晰，因此适用一万小时定律。另一类是规则不明确的事情，比如创业。我在《软能力》一书中对比了成为亿万富翁和登上珠穆朗玛峰哪件事更难。从成功人数上看，前者更难。这是因为攀登珠穆朗玛峰的目标清晰，训练方式固定，所有成功登顶的人攀登的都是同一个地方，甚至登山路线也只有两条。只要身体条件允许，再经过专门的练习，你就有希望成功。成为亿万富翁则完全不同，100个人有100种方法，且分布在不同的领域，没有任何亿万富翁是完全靠复制前人的做法取得成功的。爱泼斯坦认为，对于这样的事，就算投入大量时间练会了某项单一技能，意义也不大。他还特别提醒我们，要警惕那种"因为自己手里有了一个锤子，所以看什么都是钉子"的思维方式。

第二，专业人士的判断未必更可靠。或者说，判断的可靠性未必会随着专业能力的提升而提升。举个简单的例子，有20年投资经验的人对某家上市公司的判断就一定比刚入行5年的人准吗？未必！有时他们的表现甚至还不如只有基本常识的普通人。这样的例子不仅出现在对股票或选举结果的预测等方面，也出现在做产品、搞研究等方面，甚至会出现在非常需要经验的医学领域。但是，很多专业人士太过相信自己的训练和固有的方法了。

爱泼斯坦还举了一个很特殊的例子。一项研究发现，心力衰竭或者心脏骤停的病人如果在全国心脏病学会议期间被收治，死亡的可能性反而会降低。这项研究推测，可能是因为心脏病专家忙于开会，没时间做手术，而手术本身有风险，于是手术总量的减少带来了患者死亡数量的减少。换句话说，有些患者不做手术或许还能活过这段时间，做了手术反而丧命了。这个统计结果提示我们，即便是在医学领域，专家的判断也有可能是不准确的。也正是因为这一点，很多时候才需要专家们一同会诊。

第三，方向比毅力更重要。爱泼斯坦也承认毅力是个好东西，但一味坚持、永不言退，甚至一条道走到黑，却未必是好事。这一点已经被很多人接受了。

世界上成功的道路千千万，但我们很难知道自己选的路是否正确。如果走在错误的道路上，那越有毅力可能结果越糟糕。当然，这个结论并不是爱泼斯坦拍脑袋想出来的，他也研究了历史上很多成功的案例，其中给我留下比较深刻印象的是凡·高的例子。凡·高年轻时做过牧师、传教士、店员、艺术品交易员，他对每份工作都做得很认真，但就是做不出成绩。直到接近 30 岁，他开始学习绘画，并且沉迷其中。最终，他以画家的身份流芳百世。

第四，很多领域的成功都需要通才。这样的例子我们能举出很多，爱泼斯坦也举了很多实际的案例。不过，大家对这个结论并没有什么异议，这里就不展开讲了。

总的来讲，当我们面对复杂问题，特别是没有明确衡量标准的问题时，广度可能比深度更有用。人要懂得放弃和退让，不要一根筋地只知道往前走。后退一步看似多花了时间，但可能会让我们找到正确的道路，进而节省时间。每一次拓宽人生道路的尝试，只要处理得好，都会成为我们的人生阅历。爱泼斯坦举了乔布斯的例子，说乔布斯当年旁听的一门书法课，在他后来设计苹果麦金托什（Macintosh）电脑和其他产品时发挥了作用，因为他对艺术的感悟很大程度上来自这门课。

接下来的问题是，成为专才和成为通才，哪个对我们更重要？特别是当我们没有足够多的时间和精力成为每个领域的专家时，该如何设定优先级？

首先，我们必须清楚地认识到，成为专才和成为通才并不是完全对立的，而是可以并行、相互补充的。但是在绝大部分时候，我们必须做一个选择，而选择的依据就是我们要成为什么样的人。

我们可以按广度和深度这两个维度，把人分为四类。

第一类人，既没有广度，也没有深度，这自然不是我们的目标。

第二类人，既有广度，又有深度，比如孔子、亚里士多德、达·芬奇、牛顿、爱迪生、乔布斯，等等。不过，这类人在世界上可能连万分之一，甚至百万分之一都占不到。我们能说出不少这样的人，但这是因为他们站在聚光灯下，吸引了人们的目光。如果在现实生活中看看，可能一个都找不到。当然，如果把要求放低一点，只说有一定深度和广度的人，或许还能找到一些。

第三类人，有深度，但没有广度。这种人我们身边应该有不少，甚至我们自己就属于这一类。

第四类人，有广度，但没有深度，这种人也比较多。

事实上，绝大部分人能做的，就是在第三类和第四类中选择。而聪明一点的做法，是看看自己成为哪一类人更容易，同时看看自己生活的环境中哪一类人更受欢迎。

据我观察，绝大部分时候，对绝大部分人来讲，第三类人更容易成功，也更受欢迎。在现实生活中，比起广度，大多数人更欠缺的还是毅力。想成为通才并没有错，但很多人只是把"成为通才"当成了半途而废的借口。当然，这并不意味着我完全否定了爱泼斯坦的看法，他的思考仍然能给我们很多启发和提醒。实际上，爱泼斯坦讲的"广度"也不是蜻蜓点水、多而不精，他也谈到了在保持一颗开放心灵的同时，也要选择某个领域往深里走。

讲到这里，你可能已经发现了，我真正想讲的，并非成为通才和成为专才哪个更重要，而是如何同时接受两种看似对立的观点，把它们变成自己的知识工具，在不同场合合理地使用。

很多人常常会在阅读或者听到他人想法时陷入一个误区——当对方的观点和自己的经验一致时，就会觉得它们特别符合自己的胃口，进而理解非常顺畅，甚至不假思索地接受它们。比如，有人读了《异类》，听到一万小时定律，觉得很有道理，然后就为自己简单、低水平的重复工作找到了理由。其他人问起来，就拿出一万小时定律当借口。同样，有人读了《成长的边界》，就为自己不在一条路上深入前进找到了借口，说自己要成为一个通才。很多人平时征求他人的意见，并不是真的想以此为参考，而是想为自己的想法寻求支持。

我们都知道，人要多读书，要广泛听取不同的建议。但想要通过这么做来达到预期的效果是有前提的，那就是我们必须能够包容各种不同的观点。对于他人的观点，我们既不应该轻易接受，也不应该直接拒绝。他人看问题的不同视角，给出的不同观点，恰恰是我们所需要的提醒和启发。比如，一开始你觉得一万小时定律很有道理，但自己试了试好像不灵，然后就不知所措了。这时如果你读到《成长的边界》这本书，就会发现一万小时定律的成立还需要其他条件。这样一来，两本书中看似不同的观点就起到了相互补充的作用。

世界上没有人能把所有道理的使用范围和场景给我们讲清楚。因此，我们需要通过多读书，读不同的书，来理性思考自己得到的结论。

## 有效进步比快速进步更重要

如果你读过我的一些书,就会发现我总是在强调"长期""有效"这两个词,却很少讲"快速"。一方面,这是因为有效才是真正的目的,速度快一点慢一点倒在其次;另一方面,也更重要的是,很多时候所谓的快速是无法持久的,最后也不会有什么效果。

人一辈子会遇到很多问题、麻烦和苦恼,所以我们需要掌握一些有效的方法来解决它们。这里,我先分享一段我自己小时候的经历。

大约四岁的时候,我第一次对死亡有了恐惧。具体的原因我记不清了,大约是在南京的街头路过一家医院时,看到有人抬着担架,听大人们说是死了人,我印象中当时还有一辆印着红十字的救护车。从此,医院、救护车、红十字都让我感到恐惧。

后来我在清华的绵阳分校上小学时,和家人住在筒子楼里,要走四五百米的路到锅炉房打开水,中间要经过校医院。六七岁的时候,我特别怕一个人经过校医院。那时我父母还特别忙,需要天天参加政治学习,打开水成了我的事情,因此我每天都不得不经过那个让我恐惧的地方。在那几年里,每次快走到那儿时,我就半闭上眼睛,坚决不往校医院的方向看,然后快快地走过。

长大以后读《奥德赛》,我发现里面讲了这样一个故事:英雄奥德修斯带领船只航行经过塞壬女妖出没的西西里海域。塞壬女妖能歌善舞,歌声特别媚人,水手们到了那里都会被歌声吸引过去,最后触礁身亡。于是,奥德修斯就下令,让水手们用蜂蜡塞住耳朵,这样就听不到塞壬美妙的魔音,也就不会为之诱惑触礁而亡。同时,出于对塞壬女妖美妙歌声的好奇心,奥德修斯命令水手们将自己绑在桅杆上,不管他如何恳求,都不要解绑,直到通过那个海峡。读到这里我就在想,奥德修斯的做法和我过去面对校医院的做法是一样的,虽然他的水手们面临的是诱惑,我面临的是恐惧,但都是由于对特定的情境有所预知。既然知道了恐惧或者诱惑的存在,而我们又不知道如何消除它们,有效的办法就是预先做好应对准备,忽视它们的存在,这样就不会影响自己原本要做的事情了。

这两个不同的故事其实有两个关键词,一个是正确的"自我认知",另一个是有效的"自我调节"。只有正确认识到特定情境对自己行为的影响,才能提前防范自己所不希望发生的危险。**自我认知和自我调节,就是实现有效进步的第一步。**

形成自我认知有些时候很容易,有些时候就很难了。比如我恐惧医院,这个我很容易就能知道,奥德修斯想知道塞壬女妖对自己有什么影响则要难一些。当然,由于有前车之鉴,知道之前船毁人亡的事件,他还是能够做出比较准确的推测。

但还有很多时候,我们无法解释自己行为的原因,自我认知就变得很困难了。比如,有人会在办公室和同事吵架,于是造成了对自己和他人都很糟糕的结果。但是,很多人并不清楚自己为什么会突然暴怒。因此,虽然知道在办公室吵架不好,但下一次同样的毛病还是会再犯。类似地,很多人炒股必输,输后必炒,毛病永远改不了。

解决上述问题的有效办法有两个,第一个简单易行,第二个比较难,但可以从根本上解决问题。

先来看简单易行的办法——像前面讲的两个故事那样,一遇到相似的情况就马上启动防范措施。比如,又想炒股了,就赶快把钱都交给太太,让太太把所有账号的密码都改了。我的艺术史老师王乃壮教授讲过他的一次经历。他对什么事都爱发表看法,为此吃了不少苦头,但总是改不了。于是,一位朋友就让他在衣服口袋里放一个小瓶子,每当想要开口时,就把手插在口袋里,摸到小瓶子,就记得要"守口如瓶"。

这个办法简单、见效快,但它实际上是绕过了真正的问题,并不治本。另外,如果人老是逆着自己的想法做事情,长期受压抑,可能会因此而郁闷,甚至产生心理疾病。所以,我们还需要有一个能从根本上解决问题的方法。这个方法分为三个步骤。

第一步,事后要记录事情的经过和结果。比如,小王又在公司和同事吵架了,他很生气,就扔下了手里的工作,结果被经理批评了,还被扣了奖金,组里的工作也受到了影响。如果把这件事情记录下来,小王就会发现,不管跟自己吵架的同事有没有错,自己的行为显然是有不当之处的。

人通常都不愿意向别人认错,即使明知道自己错了也会如此。而长期不认错,结果就是会慢慢养成总觉得自己没错的习惯思维。但如实记录下自己的行为,即便不去向他人认错,也能知道自己做的究竟对不对。或者说,即便不向别人认错,至少也要对自己诚实。而对自己诚实,是对他人诚实的第一步。

第二步,反思一下事情发生的原因。比如,如果回溯一下自己和同事吵架之前的事情,小王可能就会发现,他之所以情绪爆发,是因为一大早和妻子有过争吵,或者头一天孩子带回来一份很糟糕的成绩单,又或者那位同事之前怼过他,让他心里早有不痛快。如果是前两种原因,那小王要做的就是把工作和生活做一个切割,不要让家庭事务影响自己的工作情绪,也不要把工作中的不愉快带回家里。如果是最后一种原因,那他要做的就是及时解决和同事的每一次纠纷,以免积累怨气,引发争执。

前两步是对具体事情的处理,接下来是第三步——一步步落实到日常行动中,用具体的行动改变自己。具体来讲,有四个方法。

**方法一,用积极的陈述代替消极的陈述,用积极的行动代替消极的行动**。比如,不同意别人的意见,既可以激烈地反对,也可以在肯定对方意见中的合理因素后,提出自己的替代方法。相比来说,后一种办法显然更容易被人接受。

有人炒股总是赔钱,却又忍不住想要炒,那就不如想办法做点别的能够稳定挣钱的事情。比如,外语好的人不妨接点翻译的活儿来做。有人总想上淘宝买东西,买回来又觉得没有用,那不如在忍不住想买东西的时候,把那些商品的价钱记下来,把同样的钱用红包发给父母,或者干脆捐掉。总而言之,如果自己总是做一些消极的行动,与其懊悔不已,不如用某种积极的行动把它替换掉。

**方法二，对于可能出状况的事，要进行预演**。比如，今天要讨论方案，那事先就要想好，如果老李反对，我该怎么跟他说；而不是什么思想准备都不做，等到老李反对时就懵了，然后开口就是吵架。我在《吴军阅读与写作讲义》中说过，好的口头表达背后是仔细的准备，这个准备就包括预演。

1976年，10名恐怖分子劫持了一架法国航空的班机，降落在乌干达的恩德培国际机场，要求释放被关押在以色列及其他几个国家的50多名恐怖分子。在释放了飞机上所有非犹太裔乘客后，恐怖分子将105名犹太人和1名机长关押在机场的航站楼。以色列政府假意接受恐怖分子的要求，实则决定采取武力手段营救剩余的人质。他们组织了一支大约有100名以色列突击队员的特种部队，长途飞行4000多公里，途中绕开多国的雷达站，成功占领机场航站楼，打死劫机的恐怖分子，顺利解救了人质。直到今天，这次成功的行动依然被认为是奇迹。

这么高难度的行动为何能够顺利完成呢？这是因为以色列事先进行了充分的预演。恩德培国际机场是由以色列的建筑公司建造的，他们还保有机场的蓝图。以色列军方按照图纸修建了一个1∶1的模型，拟定了攻击方案，然后不断演练，不断优化。最后，真正的行动几乎就和事先演练的一模一样——10分钟攻占航站楼，20分钟解救人质，10分钟检查，12分钟返回飞机。从这支特种部队的第一架飞机在该机场落地，到最后一架飞机起飞返航，只用了短短的 50 多分钟。

**方法三，找一个榜样，向榜样学习。**如果觉得自己总是在某个方面做得不好，就想想身边有什么人在这方面做得好，然后观察他是怎么做的，遇到事情时想想他可能会怎么做。以前我太太有时会对我说这样的话："如果（李）开复遇到这件事，他会比你冷静。"这时我就会想，确实，在处变不惊这方面，李开复值得我学习。

**方法四，分析、拆解自己的目标，循序渐进地改变。**比如我消除前文提到的对医院的恐惧的过程。随着年龄的增长，我先是慢慢地不再恐惧红十字了，然后也不害怕救护车了。再后来，医院去得多了，我对它的恐惧心理也消失了。在这个过程中，先是大人陪着我去医院，后来就是我自己去了。这个过程很长，要慢慢来。如果一开始大人就强迫我一个人去医院，那我的恐惧心理可能还会加剧。

约翰·霍普金斯大学的教育学院在美国名列前茅，该学院曾为了进行各种教育的尝试而收购巴尔的摩市的一所学校，在那里进行教育改良实验。这所学校位于贫民区，因此，教育专家们首先要解决的问题不是如何教育好学生，而是如何让他们来上学、如何让他们不害怕学校——对有些贫民区的学生来说，逃学已经成了习惯,一进入校园就会感到焦虑。

　　为了改变这种状态,教育专家们决定慢慢调整学生的心态。比如,先让他们在校园里做与上课无关的活动,如在操场上玩飞盘;然后,让他们试着几个人坐在教室里看书,其间不让其他人去干扰他们;再后来,让他们看着其他人上课……经过这样循序渐进的调整,这些学生最后终于有意愿坐在教室里上课了,而不再一走进学校就只想拔腿离开。

　　当我们确定了一个目标,往往不能直奔目标而去,更多时候,我们要将这个目标拆分成一些小目标,通过完成它们逐步逼近最终目标。

　　当然,有效的进步不可能一次就取得,它是一个过程,可能还很漫长。因此,一旦取得了一些进步,就要不断强化、巩固效果,直到新的行为方式变成自己的自然习惯。只有这样,才算是真正实现了有效的进步。

　　回到本节一开始所对比的"有效的进步"和"快速的进步"。很明显,真正能取得效果的进步不一定能快得了。因此,"快"不应该成为我们追求的目标,"效果"才是。

## 用系统论的方法优化自身

几年前人工智能热的时候，人们总在讨论一个问题：今天人工智能的智力水平大约相当于几岁的孩子？或者说，如果把人工智能的智力和人类进行全面的比较，它是更聪明还是更笨？绝大部分人认为，人工智能肯定没有人聪明。其实这个问题没有太大的意义，因为人工智能的智力和人的智力是两回事，两者是不可比较的。就如同橘子和香蕉虽然都是水果，但不具有可比性一样。但是，如果我们把人类的许多行为和计算机做一下对比，就会发现人类真的很不长进，会一代人接着一代人不断重复同样的错误。当然，到某个具体的人，从小到大还是在成长的，但成长的效率真的不算高，以至于很多人身体长成了大人，心智却还是孩子，即便到头发花白的时候，该有的社会经验也还没有培养起来。相比于人，计算机的进步可就有效多了，一旦发现了某个错误，同样的错误就不会犯第二次。可以说，计算机的进步是系统性的，人的进步则有很大的随意性。

我们常说穷则思变，这里的"穷"和"困"是一个意思，指陷入了困境，不一定是指没有钱。改变是需要的，但更重要的是，我们需要的是面向好的方向的改变，而不是随意的改变；是具有一致性的改变，而不是忽好忽坏的改变；是可控的改变，而不是不受节制的改变；是全局性的改变，而不是头痛医头、脚痛医脚的改变。在这四个方面，不得不说，今天机器学习的算法比人类做得好。而且，机器通过学习改进自身的很多做法都值得我们借鉴。

机器学习的原理并不复杂。首先，机器被看成一个可以改进的系统，并且通过机器学习的算法对系统进行一点点改变。然后，机器再根据改变后所得到的反馈，决定是否要沿着原来的方向改变。这其实就是系统论给出的对任何系统都有效的改进办法，其核心有两个：一个是目标设定，另一个是反馈机制。比如，计算机学习下围棋，它的目标是围出超过一半的空，反馈机制则是每走一步棋就看看是离这个目标更近了还是更远了。当然，这个方法管用的前提是输入给计算机学习的数据必须是准确的。如果把输棋的走法当作赢棋的走法教，它就会越学越糟糕。

人其实也是一个系统，一个比任何机器都复杂的系统。因此，适用于所有系统改进的方法，也适用于人类。

前面讲过，我们眼睛盯在哪里，被什么人感动，就会成为什么样的人，这其实就是目标设定。而在学校，你做了某件事情被奖励了，做了某件事情被惩罚了，这就是反馈机制。每个人一出生都是一个空白的系统，长到 30 岁左右，成了一个很复杂的系统，这都是被"目标"和"反馈"塑形的结果。

**目标设定**

在对孩子的教育中，目标设定有两种方式，第一种是为孩子树立一个榜样作为目标，第二种是为孩子树立一种思想信念作为目标。具体来讲，第一种就是给孩子讲一些人物的故事，把一些道理通过故事讲授给孩子，让孩子向这些人学习。第二种则是引导孩子树立起一种信念，比如人应当以过好自己的一生为目标，而好的人生就是一个人能够与人类的智慧相连，发挥出自己的才智，促进文明进程的发展。

对孩子来讲，第一种方式更容易理解。因为孩子的思维就是，这个人是"好人"，那个人是"坏人"；这个人是"英雄"，那个人是"坏蛋"，然后去模仿"好人"和"英雄"的做法。但这是一种很简单的思维方式，而家长和学校在教育中过多地使用了这种方式。更糟糕的是，他们有时甚至会编造一些虚假的故事来让孩子接受某些品德。比如，多年前，小学阅读课本中有一个关于西方石油公司总裁阿曼德·哈默（Armand Hammer）的故事，情节大致是这样的：

在一个寒冷的冬天，美国南加州的小镇上来了一群逃难的人。当地人很善良，于是拿出食物款待他们。这些逃难的人连一句感谢的话也不说，就狼吞虎咽地吃了起来。其中只有一个骨瘦如柴的年轻人与众不同，当镇长大叔将食物送到他面前时，他问对方有没有什么工作需要他做，并坚持要用劳动来换取食物。镇长对年轻人十分欣赏，于是给了他一些差事做。后来，镇长还把女儿许配给了这个年轻人，并且对女儿说，别看他现在什么都没有，但他将来一定会成为百万富翁，因为他有尊严。20多年后，这个年轻人果然取得了巨大的成功。他就是石油大王哈默。

对小孩子来说，这个故事可能很打动人。但如果对美国稍微有一些了解，你就会发现它其实漏洞百出。首先，南加州的纬度很低，即使是冬天，气温也有20摄氏度左右，并不严寒。其次，南加州的地理位置相对隔绝，除了向南与墨西哥接壤，向东是沙漠，向西是太平洋，不大可能有大批美国难民出现。

当然，最关键的地方在于，哈默生于美国东海岸的纽约，父亲名下有一家诊所和五家药店，因此他其实是个"富二代"。

他就读于名校哥伦比亚大学，在大学时期就和哥哥一起接管了父亲的药店。哈默兄弟眼光敏锐，在当时美国禁酒的大环境下，靠着从生姜汁里提炼酒精的替代品而发了财。1919 年，也就是哈默 21 岁的时候，他和哥哥经营的公司就达成了百万美元的销售额。

哈默一生结过三次婚，三任妻子分别来自苏联、美国的新泽西州和伊利诺伊州，没有哪个是南加州小镇镇长的女儿。而且，和故事中那个坚持原则，甚至有些固执的形象相比，现实中的哈默之所以能取得巨大的成功，某种程度上恰恰是因为他身段柔软、善于投机。比如，哈默大学毕业后就去了苏联投资办厂，而当时西方世界是不和苏联来往的；30 岁时，他回到美国投资酿酒和畜牧业；58 岁时，他又携第三任妻子到加州投资石油产业，并且和当时与西方世界对立的社会主义阵营国家做生意，最后成了石油大王。

哈默的人生是一个典型的商业家庭的孩子继承祖业，靠不断冒险成就一番事业的过程，与那个杜撰出来的故事没有半点关系。前几年，那个故事已经从小学课本中移除了，但在孩子们的成长中，像这样的编造出来的故事实在是太多了。

尊严很重要，但拿编造的故事告诉孩子尊严的重要性却是有害的。用编造的故事讲道理，就如同教你下象棋，为了强调"车"的重要性，人为地在"车"前放了一堆棋子，让你的"车"一个个吃掉。你吃起来确实很爽，但真到了对弈时，你可能会发现往前走要被"马"踩，往旁边挪要被"卒"拱。这时，你可能会开始质疑他教得对不对。

人接受教育也是如此。当那些满怀信心、坚信尊严的年轻人进入社会，被老板劈头盖脸地臭骂一顿后，才会发现那个爱惜年轻人尊严的小镇镇长并不存在。而且，当他们发现这个故事是假的之后，还可能会觉得里面的道理也是编造出来的，继而否认这些原本正确的道理。

在我做第一份工作时，大老板上来就把我们这些刚进单位的大学生劈头盖脸地臭骂了一顿，让我们知道了社会上的人不会像家长和老师一样爱护我们。很快我们就联合起来把这个老板"炒"了，但事后想起来，我觉得我们其实还要感谢他，因为他毫不掩饰自己的行为。别人私下里做的恶事，他一次性都做了出来，让我们在进入社会后的第一个月就明白了社会不是学校。

其实要解决这个问题，最简单的办法就是：**不要迷信有关英雄的故事，而要相信贤者的思想**，"与贤者为伍，与智者为伍"。故事可能是编造的，但流传千年的先贤思想一定是真实的。如果你分辨不清哪些故事是真的，哪些故事是编的，那按照贤者、智者的思想去做就好了。同样是关于尊严，孔子、孟子和佛陀都有精辟的论述，我们又何必听那个编出来的哈默的故事呢？

**反馈机制**

在树立好一个正确的目标之后，接下来就要通过反馈机制优化我们自身这个系统了。人在成长的过程中，接触到的反馈机制有两种。

第一种是学校的作业和考试机制，我们可以通过做作业、参加考试来获得及时而又准确的反馈。练习题有没有做对，我们马上就能知道。而没有做对练习题，就说明这一两堂课没有学懂，就要把做错题目有关的内容再学习一遍。一次单元测验没考好，我们就知道这个单元有些内容没有学懂。如果请了家教或者辅导老师，就可以很快帮我们把那部分掌握得相对薄弱的知识补上。即便没有小测验，到了期中或者期末考试，也总能得到有效的反馈。

此外，学校的反馈机制对不同问题给出的反馈是彼此独立的，不会互相干扰。英语没学好，不影响我们对数学的学习；物理没学好，也不影响我们对语文的学习。这种彼此独立、非常具体的反馈,可以让我们直接找到问题的原因——数学没有考好,不用去英语课上找原因,因为从数学课得到的反馈和其他课程都无关。今天绝大部分的年轻人,都已经在十多年的学校教育中习惯了这样的反馈机制,以及这样的学习和进步方式。

第二种反馈机制与在学校建立的反馈机制很不同,我把它称为真实世界的反馈机制。它未必及时,可能也不完全准确,更复杂的是,它不是孤立的。比如,一个人想做一种新产品,可能要花上两三年的时间才知道自己做得好不好,以及能不能做出来。当他得到反馈时,这两三年的功夫可能已经白费了。在这个过程中,他或许得到过部分反馈,比如领导说他做得不错,但这可能只是为了安抚和鼓励他。更要命的是,外界对这个问题的反馈不是孤立的。比如,这种新产品做不出来可能不是因为设计存在问题,而是因为加工工艺不过关,甚至可能是因为材料达不到设计要求。如果产品做出来了却卖不出去,可能不是因为产品没做好,而是市场推广的哪个环节出了问题。因此,除非从事非常简单而又具有重复性的工作,否则很难从具体的反馈中直接找到根本原因。

在真实世界中,很多时候我们得到的反馈都是总体性的、模糊的。比如,面对一个方案,即便我们在绝大部分地方都做得很好,但只要一个地方出错了,就可能会前功尽弃。而这时,我们不会因为"绝大部分地方都做得很好"就得到一个 90 分的反馈，而是只能得到一个"完全失败"的结果。再比如选择工作或换工作，我们需要很长时间才能得到足够准确的反馈，甚至一开始得到的部分反馈和最终的结果可能是矛盾的。

人类的职业围棋高手对弈时，得到的反馈只能让他们对局部的局势进行判定，而无法让他们判定清楚全局的情况。相比之下，人工智能 AlphaGo（阿尔法围棋）在这方面的能力就要强得多。2016 年年末到 2017 年年初，中日韩三国的围棋高手和它对弈了 60 盘快棋都输了。很重要的一个原因就是，AlphaGo 下的某些棋所产生的结果是全局性的，而人类棋手根本无法在局部看明白。那些他们一开始认为像是业余棋手下的棋，最后都对 AlphaGo 确立全局优势产生了决定性的影响。等到人类棋手得到全局性的反馈时，为时已晚，输赢已定。

这一切都告诉我们，不要把学校中的很多做法带到社会上。在学校那种反馈机制里，我们被认为是聪明的，但按照那种反馈机制训练出来的模式努力，在真实世界中可能是靠不住的。

那么，我们究竟该怎么做呢？虽然面对具体的问题总要采用具体的做法，但人类历史上一些智者还是给我们指出了大致的行动指南。比如，亚里士多德就给出了有效的方法，概括起来就是两点。

第一点，要掌握最基础的知识和底层的方法工具，就要忘掉那些必须依赖于及时反馈才有效的经验。世界上有很多知识和经验都是经过了千百年反复检验的，或者说已经经过了各种反馈并不断优化的。这些知识和经验被称为专业性的常识。比如，今天学习游泳，不需要经过一番挣扎才找到正确的滑水姿势，游得快且相对省力的基本滑水姿势已经被优化得差不多了。虽然每个人还可以根据自身条件进一步优化，但是只要掌握了基本方法，之后也就所差无几了。

那么，基础的知识和底层的方法工具要怎么获得呢？可以自己学习，慢慢领悟，但也有更高效的做法。这就是**第二点，要接触更多有经验的人，尽可能多地从他们那里获得社会经验和阅历**。

每个行业都有自身长期发展沉淀下来的经验，行业里的"老兵"和前辈都知道，而我们想要获得这些经验，就要谦虚地向这些人请教。我们要善于发现身边人的优点，但凡遇到的人有比自己强的地方，我们就应该把他们当作老师。我们可以把他们获得的反馈，当作我们获得的反馈的一部分。研究表明，在有两个以上孩子的家庭中，较小的孩子会显得相对乖巧，原因是他们会观察哥哥姐姐在做错事情后得到的反馈，从而避免犯同样的错误。这就是把别人的反馈变成自己反馈的很好的例子。

\*

　　系统论只是一个工具,我们可以用它来帮助自己理解如何优化一个系统,包括如何优化我们自身这个系统。设定合适的目标,确认自己的行为和目标之间的差距,建立反馈机制,利用各种反馈信息来改变习惯,从而改变自己,是获得有效进步最简单直接的办法。机器和人很大的不同之处在于,它会认准一个目标不断改进,人类则不可避免地会左右摇摆。在这一点上,人或许应该向机器学习。

## 天才究竟是什么样的

人们通常会高估自己的能力，当然，父母也会高估自己孩子的能力。我经常听一些父母说这一类的话："我们家小明挺聪明的，就是有点淘气。"其实，在遇到真正的天才之前，我们都无法想象他们有多么聪明。我到美国之后，陆续遇见过很多在各行各业里取得数一数二成就的人，包括十多位诺贝尔奖和图灵奖获得者、几位能排进世界前十的企业家、获得过普利策奖的新闻工作者，以及一些世界顶级的艺术家，才终于体会到了这一点。

大部分时候，人们只是把一些比普通人强一点的人当成了天才。但是，当你了解了真正的天才有多么优秀时，你就会知道彼此之间的差距有多大。这时，你可能反而会更加勤勉地做事情，而不会再迷恋那一点小聪明了。下面，我们就以钢琴家这个群体为例，来说说天才究竟是什么样的。

说到钢琴，很多人会想到肖邦国际钢琴比赛。这是全世界水平最高的钢琴赛事，能有资格参加已经实属不易，因为能参加的都是极具天赋的青年演奏家，而要获得这项赛事的第一名比获得诺贝尔奖还难。毕竟诺贝尔奖每年都会评选，一个奖项常常会颁发给多人，而肖邦国际钢琴比赛每五年才举办一次，第一名还经常空缺。因此，基本可以肯定，能够在这项赛事中获奖的选手一定从小就被称为钢琴天才。但很多被捧为天才的人，直到遇到真正的天才，才会知道人外有人、天外有天。事实上，不少在肖邦国际钢琴比赛中获得过前几名的选手，在赛后都变得默默无闻了，那一次比赛的成绩就是他们人生的顶点。毕竟，天赋和天才之间还是有巨大差异的。

那么，什么样的人才算真正的天才呢？只有那些一辈子都被公认为是天才的人才算。因此，先天条件好一点，年轻时取得一些成绩，获得了一次成功，其实并不值得我们沾沾自喜。年轻时看上去条件差一点，经历没那么一帆风顺，也不能说明我们就没有天赋。或许只是我们花的功夫不够，天赋还没有被激发出来。

在钢琴领域，自从有了录音技术，在各种专业的钢琴家评选中名列前茅的总是三个人：拉赫玛尼诺夫、鲁宾斯坦和霍洛维茨。这三个人就是真正的天才。不过，我们只说其中的一个——霍洛维茨。

1903 年，霍洛维茨出生于俄国的基辅（今天乌克兰的首都)。他从未参加过钢琴比赛,这让人觉得他不像个钢琴天才。

霍洛维茨是通过一些个人独奏会逐渐引起公众注意的。刚出道时,他的观众很少,演奏厅的大部分座位都是空的。渐渐地,情况好了起来,上座率大概有了一半。再往后,他的听众越来越多。霍洛维茨后来说,这样一步一步走过来,让他不用像那些在比赛中获奖的年轻钢琴家一样,背负着突然获得的名声带来的压力。很多年轻钢琴家还没有成熟就背负了沉重的光环和观众极高的期望;但观众的期望越高,失望也会越大。因此,很多一夜成名的人常常还没有时间成熟起来,就被公众抛弃了。

霍洛维茨很满意自己走了一条不同于常人的成功之路。他反对通过比赛选拔人才,认为那样会适得其反,反而会不断淘汰掉被选出来的优秀人才。他认为对钢琴家来讲,重要的是一直保持练习、不断进步,这才是成功的关键。

霍洛维茨另一个让人觉得不像钢琴天才的地方,是他的手比较小。我们通常会觉得,一个人的手指要很长才方便把琴弹好,手小对钢琴家来说是一个巨大的缺陷。拉赫玛尼诺夫的手就特别大,因此他创作的曲子也特别难,因为音符之间的跳跃常常很大。但是,如果一个人能把自己在其他方面的特长发挥到极致,把所有细节都做到完美,那么个别方面的缺陷是可以弥补的。关于霍洛维茨身上的过人之处，今天人们经常谈论的有三点。

首先，霍洛维茨拥有绝对音感，这是他的天赋，而且非常罕见。通常，专业的演奏家都有较好的相对音感。也就是说，给一个基准音，他们能正确分辨其他音与该基准音在音程或调性上的相对关系。相对音感是可以通过后天的练习来培养的，绝对音感则不同。这种本事通常是天生的，它要求人在没有任何参照音高的前提下，分辨出每一个音的频率高度。当然，有这种天赋的人如果后天从来没有练习过，那他可能根本不会知道自己有这种能力。

据霍洛维茨本人讲，他能够分辨出频率 440 赫兹与频率 441 赫兹的音的不同。如果你弹钢琴，那你一定知道 440 赫兹音的特殊含义——它是钢琴调音的基准音，对应的键是中音 C 那组八度音中的 A 音（见图 3-1）。

图 3-1　A 音在五线谱中的位置

两个相差1赫兹的音，通常只能用仪器测出来，人是听不出来的。霍洛维茨的这个说法是否准确我们不得而知，但他拥有绝对音感基本是可以肯定的。这也得到了他调音师的佐证——与他合作的调音师是钢琴制造商施坦威公司的顶级调音师，霍洛维茨出去表演，都会带着这位调音师。霍洛维茨对钢琴的音准和发声效果要求极为苛刻。每次表演之前，他都会要求调音师把琴调到完美的状况，一直试到他满意才肯上台。

　　不仅琴要调好，霍洛维茨对钢琴摆放位置的要求也非常苛刻。每到一个音乐厅，他总是会先查看舞台上所有他认为会影响音效的物品，比如幕布的高度和位置。然后，他会在试弹时不停地让工作人员调整钢琴的位置。工作人员经常要在舞台上前后左右一小步一小步地挪动钢琴，一英寸一英寸地调整，直到找到他满意的位置。

　　其次，霍洛维茨记忆力惊人。很多曲子他弹一两遍就完全记住了。这里说的记住，不仅仅是指头脑记住了乐谱，也是指手和胳膊对那首曲子形成了肌肉记忆。练过琴的人都知道，要弹好一首曲子，形成相应的肌肉记忆，一定要花费大量的时间练习。演出之前，钢琴家通常要用一段时间专注练习以强化手感，上台前还要专门"暖手"。但霍洛维茨不需要这些。他通常会在表演前一天把琴调好，进行一次预演，然后第二天就上台直接演奏了。据说即使是十几年没弹过的曲子，他练习一两遍就可以上台表演。

最后，霍洛维茨有自己独特的演奏特色。如果说前两个过人之处是先天的，那这一点一半来自他的悟性，另一半来自他不断思考和改进演奏技巧，可以说是先天、后天各半。

今天，一个经过专业训练的钢琴家，想要把琴弹得像肖邦一样可能并不难，就如同今天的画家可以将米开朗琪罗的画作临摹得以假乱真一样。但是，要塑造自己的风格，表达出音乐深层的内涵，却不是一件容易的事。在这一点上，霍洛维茨就特别出色。同一首曲子的几个版本，你一听就知道哪版是他演奏的。

为了更好地驾驭钢琴，让钢琴表现出自己期望的音色，霍洛维茨会根据自己的特点调整钢琴。比如，他会要求施坦威公司把琴键做得稍微轻一点，这样手指离开键盘时反弹的速度就会快一点；他还给弱音踏板做过特别处理，让它有更好的声音效果。在霍洛维茨成名之后，施坦威公司为他特制了一架钢琴。这架钢琴的琴键比通常的琴键略窄一点，方便他弹奏。霍洛维茨很喜欢这架钢琴，到世界各地演出时总会带着它。后来，施坦威公司干脆又给他做了四架同样的钢琴，放在世界各地，供他使用。

绝对音感、记忆力惊人、有个人特色,这些已经足够塑造一名一流钢琴家了,但霍洛维茨的水平更在一流之上,因为他还有两个更突出的地方。

其一,霍洛维茨对音符背后"音乐"的理解极为精深。著名指挥大师、作曲家伯恩斯坦曾说:"我和霍洛维茨不同的地方是,他弹出的是乐谱中百分之百的音乐,而我只弹出了百分之七十。"要知道,伯恩斯坦不仅是一位指挥大师,在钢琴演奏上也有极高的造诣。那他这句话是什么意思呢?

一首音乐作品,音符之下潜藏的是作曲家的思想。如果只是按乐谱把每个音符都弹出来,那电子合成器也能做到。要想真的把一首曲子弹好,首先要读懂作曲家的心,体悟到作曲家的思想,还要有本事把作曲家的心灵通过演奏表达出来。这就像同样是读了一遍《三国演义》,有人能把故事绘声绘色地全都讲出来,有人却只能讲出七成,还有人只能生硬地把故事复述一遍。

音乐表演其实是一个再创作的过程,表演者要通过自己的理解,以某种方式将音乐再度呈现给听众。大师和普通演奏家的区别,就在于再创作的水平。

霍洛维茨和拉赫玛尼诺夫是好朋友,后者在创作时,有时会征求霍洛维茨的意见。有一次,拉赫玛尼诺夫听完霍洛维茨演奏自己的作品，说自己以后都不好意思再弹这部曲子了。要知道，拉赫玛尼诺夫也是一位公认难以被超越的钢琴演奏家。当然，对于那些已故作曲家创作的曲子，霍洛维茨注定无法和作曲家当面交流了。但他对音乐的理解极为精深，可能丝毫不逊于作曲家本人。

其二，霍洛维茨会不断求变，直到找到最好的演奏方式。他认为对音乐家来说，模仿是很危险的。音乐家不仅要有自己的风格，还要不断求新求变，不断挖掘作品的内涵，每一次演奏都要给观众带来不同的感受。他从来不听自己的唱片，有一次偶然听到收音机里播放的钢琴曲，评价道："这个人弹得很好，但有几个地方还能改进。"最后听到播音员的介绍，他才知道那是自己弹的。

有一次，霍洛维茨在卡内基音乐厅表演，来了120位日本的钢琴技师，他们试图通过霍洛维茨的演奏手法，反过来思考钢琴应该怎么制造得更好。在音乐会中场休息时，这些技师给霍洛维茨所用钢琴的每一个细节都拍了照片，以便回去研究。但看了前面的内容你就知道了，霍洛维茨每一次表演的弹法可能都不一样，观察一次他演奏的情况未必能得到多少信息。更重要的是，对于标准产品，我们可以做逆向工程；但对于艺术，逆向还原是很难的。

通过霍洛维茨的故事，我们能体会到一个真正的天才诞生的过程——先天条件固然重要，后天不断的练习和精益求精也是必不可少的。当练习到一定的深度后，甚至一些先天的不足也变得无关紧要，无法妨碍他们的进步了。就像霍洛维茨一样，手小这个劣势居然没有妨碍他演奏钢琴。

　　世界上有一些人，因为拥有一些别人没有的天赋而忽略了练习，于是反而被这种天赋束缚了，最终无法成为天才。因此，比别人聪明点，条件好一点，没有什么可沾沾自喜的。见到了真正的天才，你才会知道自己那点天赋根本算不上什么。**世界上总有些人比你条件好，还比你努力。而你如果躺在自己所谓的天赋上梦想成功，成功也就永远停留在梦里了。**

# 第四章
# 破局而出

▼

**Chapter Four**
**To Break Out of A Bad Situation**

每个人小时候都不免会担心,将来离开了父母自己能否生存下去。当一个人从少年变成青年,这些问题通常就不再是问题了。但是,当大家面对一个新的环境,甚至是陌生的环境,依然会感到不知所措。比如,开始读研究生或者刚参加工作,被指派完成一个课题或者任务,经常会有一种无从下手的感觉。再往后,面对工作中让大家都焦头烂额的烂摊子,或者生活中很多似乎过不去的坎儿,也会感到力不从心。单身的人会为将来的婚姻发愁,为人父母的人会为孩子的学业和前途发愁,到了中年还在还房贷的人则会为职业发展停滞而发愁。不仅普通人如此,那些所谓的大人物,或者职责重要、地位显赫的人,也总会遇到超出自己能力范围的麻烦。

但与此同时,这个世界显然还是在不断进步的。人类过去经历的几乎所有问题,除了疾病和死亡,似乎都有了答案。在一个特定的时代,对我们来讲看似无法解决的难题,似乎总有一些人能够完美解决。这里面的关键就在于,要懂得如何在面对各种难题时破局而出。

## 世界上的方法
## 总比问题多

人能够破局而出的第一步,是要相信世界上的方法总比问题多。只有具备这样的自信,我们才会去主动研究问题、解决问题。

**全球气候变暖的问题能解决吗**

2020年新冠肺炎疫情期间,我和斯坦福大学能源中心的主任崔屹教授进行过几次视频长谈,探讨当今世界上最富挑战性的问题。崔屹教授是材料科学领域的专家,长期致力于研究可再生能源利用的问题,并曾荣获2021年全球能源奖,这是全世界能源研究领域的最高成就。我们谈到了全球气候变化,这是当今人类面临的三大难题[1]之一。自从工业化以来,地球两百年

---

[1] 当今人类面临的另外两个难题分别是信息化和人工智能所带来的收入不平等问题,以及社会老龄化所带来的人口问题和公共卫生问题(包括养老)。

间的气候变化幅度抵得上过去百万年间的变化。而到目前为止，人类似乎还没有找到最终解决这一难题的方法。这个问题难道真的没有解吗？其实不是，只是人们的思路通常局限在用不产生二氧化碳排放的可再生能源取代化石能源上，而忽视了其他方法。

其实早在 2009 年，时任美国能源部部长的朱棣文（Steven Chu）就提出了一个新方法——把所有屋顶都漆成白色，路面和汽车也涂成浅色，就能极大缓解温室效应。我们知道，全球气候变化主要是因为温室气体排放得太多，导致地球上聚集的热量散不出去，全球气温上升，然后引发各种问题。要降低全球的气温，当然就要控制温室气体的排放，这是一种传统思路。但是，也可以换一种思路，直接减少地球吸收的热量，增强地表反射，让更多的太阳辐射直接反射回太空。但问题是，把屋顶、路面和汽车都刷成白色或浅色反射的那点能量是真的能缓解温室效应，还是说只是杯水车薪？

崔屹教授和朱棣文教授在同一个实验室共事，他们还一同创建了 4C Air 公司，因此崔屹教授对朱棣文教授的想法非常了解。在视频长谈时，我就问他这个方法在科学上是否可行。崔屹教授说，这在理论上是完全可行的。当然，真要实施起来肯定很有难度，因为房屋属于个人财产，不能强制所有人都把自家的屋顶涂白。另外，如果全球的屋顶都被涂成白色，那城市景观可能也会受影响。可见，**世界上很多问题并非没有简单的方法去解决，只是我们考虑了个人利益后，发现简单的方法无法实施罢了。**

不过，沿着朱棣文教授的思路进行一些变通，还真能在一定程度上解决全球变暖问题。也就是在那次对话后不久，麻省理工学院给我寄来一份他们学校的期刊，介绍了他们用类似的方法成功降低城市温度的成果。

这项研究工作要从麻省理工学院在2009年成立混凝土可持续发展中心（CSHub，后文简称"MIT混凝土中心"）说起。该中心的一个主要研究方向是研制廉价而又高反射率的水泥和铺路材料，以消除城市建筑物和道路所造成的热岛效应。所谓热岛效应，就是城市区域气温明显高于周边地区的现象。这一现象是在发明了人造卫星后才被发现的。在卫星的红外摄影中，我们会看到城市就像一个个炙热的岛屿在散发着热量。"热岛效应"的名称由此而来。

那么，热岛效应是怎么产生的呢？有很多成因，包括建筑物聚集、增强了地表对太阳能的吸收并且阻挡了空气流通，植被地表减少，生活和工业活动不断产生废热，等等。其中最主要的原因，就是城市道路和建筑物表面会吸收大量太阳辐射，然后以红外辐射的方式将吸收的热量散发到大气中。吸收热量主要发生在白天，散发热量主要发生在夜间，因此城市区域的昼夜温差通常会小于周边区域。

热岛效应可以使城市区域升温 4 摄氏度以上。即使只是局部区域，这也是非常大的温度变化了。毕竟，2015 年通过的《巴黎协定》也不过是想将 21 世纪全球升温幅度控制在 2 摄氏度以内。而且热岛效应还会进一步影响周边区域的气候，从而有可能影响全球气候变化。如果能够缓解热岛效应，无疑将会在很大程度上缓解全球变暖问题。

我们知道，要解决一个问题，就要抓住主要矛盾。在城市里，40% 的面积是街道，另外 40% 的面积是房屋，剩下 20% 是绿地。全世界 95% 的道路都是由沥青铺成的，而沥青热容很小，升温极快，升温后就会造成很强的红外辐射。可以说，道路是造成热岛效应的主要原因之一。如果能解决道路大量吸收热量的问题，热岛效应就可以缓解一大半。

MIT 混凝土中心的研究人员从这一点出发，发明了能够反射大部分热量的"凉爽"铺路材料，包括反光沥青和反光水泥。这里说的反光不是像镜子那样反光，而是把占太阳辐射能量 43% 的红外线辐射反射出去，当然，也会反射一部分可见光。

研究人员还发现，道路不平整会使车辆消耗更多的燃油。

因此,他们在研制新型铺路材料时,也考虑了让道路更加耐磨损,以便减少道路磨损导致的燃油消耗。对于现有路面,也可以通过喷洒涂层来增加路面的能量反射。被这样处理过的道路,可以将对太阳辐射的反射率提高3倍。

接下来,MIT混凝土中心在两个城市做了实验:一个是麻省理工学院所在的波士顿,那里纬度高、气温低;另一个是位于美国南部、气候炎热的凤凰城,每年4—10月,这里的气温经常能达到40摄氏度以上。实验结果令人振奋,新型铺路材料和涂层可以将波士顿和凤凰城的平均气温分别降低1.7摄氏度和2.1摄氏度;同时,由于路面更加平整,两个城市温室气体的总排放量也分别减少了3%和6%。目前,美国第二大城市洛杉矶也在开展类似的实验。当然,这种解决方案最终能否大规模推广,还要看成本。

你看,即便是全球气候变化这样一个世纪难题,也是有很多解决方法的。

**收入不平等和社会老龄化能解决吗**

除了全球气候变化,收入不平等和社会老龄化是当今人类面临的另外两大难题。

收入不平等集中体现在住房问题上。比如，今天即使是名校毕业生，只凭自己也很难在一线城市单独租房住；就算是跟人合租，要租到一个交通便利、条件好的住房也很困难。这一方面是因为房价太高，另一方面是因为好地段常常没有空房出租。实际上，世界各大都市都存在这个问题。

　　那么，那些好地段的房子究竟是什么人在住呢？数据显示，这类房子很多都属于一些年纪比较大，甚至已经退休的人。这些人有不少其实是独自居住，属于"空巢老人"，而他们家里通常有房间空置。换句话说，他们并不需要那么多住房，同时却拥有较多的住房资源。老年人更需要的其实是社会支持和陪伴。于是，就有人开始考虑为空巢老人和需要住房的年轻人牵线搭桥，同时改善住房资源不平衡问题和社会老龄化问题。

　　麻省理工学院的两位女学生诺艾尔·马科斯（Noelle Marcus）和萨拉·福克森（Sara Faxon），在读研究生期间开发了一款名叫 Nesterly（"空巢计划"）的 App，用来实现上面这个想法。这个项目还是一年一度的麻省理工学院"全球创新大赛"（IDEAS Global Challenge）的获奖项目。它之所以获奖，不在于 App 的技术含量有多高，而在于这个方案能够同时应对两大社会问题。马科斯和福克森因此获得了 10 万美元的启动资金，成立了公司，并从 2016 年起就开始在波士顿地区运营该项目。

为了考察这个方案在现实中的可行性,我以年轻租房者的身份试了试 Nesterly 的服务。在波士顿地区,如果想租到一个地段比较好的两室一厅的公寓,月租金至少要 5500 美元;即便是比较偏远的地段,月租金也要 3500 美元左右。如果两个人合租,每个人就要掏 1750～2750 美元。波士顿家庭税前月收入的中位数只有 6500 美元,再扣掉 15% 的税,大部分人都很难靠收入负担起好一点的房子,更不用说在好地段了;而刚工作的年轻人收入只会更低。

Nesterly 可以为那些有空余房间的空巢老人和单身年轻人牵线搭桥,老人向年轻人出租房间,租金基本是市场价的 40%～50%。为了验证 Nesterly 的宣传,我试着在几个不错的地段找了一些房源,发现要价一般只有 800～1000 美元,甚至不到市场价的 40%。看来这个 App 并没有夸张,这个价格年轻人也完全能够接受。同时,老人也会因为家里有了年轻人而不再孤独。

Nesterly 的 App 上登载了一些成功达成租赁协议的用户的感受。比如,有一位叫布兰达(Brenda)的 75 岁老太太,她住在波士顿郊区,自从丈夫在她 66 岁那年去世后就一直独自生活。在 Nesterly 的帮助下,她成功找到了一位来自希腊的博士生租客。两人先是通过视频会议在网上了解彼此的情况,然后见面商谈房租和相处模式。达成一致后,这位博士生搬进了布兰达的家。

布兰达有两个诉求,首先是希望能有人陪伴她,其次是希望通过出租一个房间来增加一点收入。这位博士生的诉求则是找到一个相对廉价、条件又比较好的住所。在此之前,因为还是学生,收入很低,他只能和同学合租条件很差的房子。而现在,能以低廉的价格住进一所舒适的房子,他当然非常满意。同时,布兰达也很满意——自从这个年轻人入住后,家里干净了许多,他还会主动帮布兰达清理院子、疏通下水道,有时甚至会陪布兰达一起去附近逛街购物。

Nesterly 的创始人马科斯发现,在人口不到 1000 万的大波士顿地区,每晚有超过 500 万个房间是空置的,这些房间很多都存在于独居老人的家中;而与此同时,有许多年轻人找不到合适的住房。马科斯希望通过连接年轻人和独居老人,同时改善社会住房资源分布不均的问题和人口老龄化带来的很多社会问题。

Nesterly 的做法并非世界首创,在日本和欧洲国家,类似的服务早就出现了。日本社会的老龄化问题比美国更严重,政府不仅推出了各种政策,还与民间组织积极合作,推动年轻人和老年人之间的"跨代共居"。东京、京都和福井等地方的政府都有此类政策。在欧洲，荷兰、法国、德国也有类似的项目。比如在荷兰，如果年轻人愿意每周花 30 小时陪老人聊天或者一起做事，就可以免费入住条件非常好的老年公寓。

我的小女儿非常关注不平等问题，在这方面做了很多研究，还曾被选到华盛顿特区参加未来政治领袖的夏令营。据她讲，统计数据表明，现在全世界其实有足够多的住房让每个人都住得很舒适，即便是在拥挤的大城市也是如此，只不过大量的住房资源被浪费了。Nesterly 的做法虽然不能完全解决住房资源不平衡和社会老龄化的问题，但确实给各国提供了很好的解决思路，并且已经在一定范围内取得了成效。

\*

我总是说，世界上的方法总比问题多。**遇到问题并不可怕，最可怕的是不能正视问题的存在，其次可怕的是陷入悲观，觉得问题解决不了，放弃尝试。**

在历史上，人类遇到过很多看似无解的难题，但最终都找到了解决方法。比如，人类曾经在近万年的时间里一直为粮食短缺而发愁，但进入农耕文明之后，这个问题就得到了解决。不过，这时人类看似不用为了寻找猎物经常迁徙，终于安定下来了，但是人均寿命却不增反降，因为通过农业生产获取能量的效率并不高,而且每过几百年就会发生一次大规模的战争,来解决土地不足的问题。战争过后,人口减少近半,似乎土地问题得到了缓解,人类又可以发展几百年了。但是几百年后,同样的问题还会出现。三百年前,没有人知道这个千年难题的解决方法在哪里。可是在工业革命后,人类就解决了这个问题,因为随着工业化的到来,人类利用能量的水平得到了巨大的提升。类似地,各种传染病、部族之间的战争、奴隶制等问题,都曾经被看作是无解的,后来也都得到了解决。这并不是因为人类运气太好,受到了上天的眷顾,而是因为人有破局而出的能力。

把自己日常遇到的问题和那些世纪难题对比一下就会发现,我们那点问题根本算不上什么。**只要把时间拉得足够长,方法总比问题多**。这是我们每个人都应该有的自信。

## 解决复杂问题
## 要从简单方法入手

在《信息传》一书中，我介绍了两种解决复杂问题的方法。一种是19世纪英国计算机科学先驱人物巴贝奇采用的方法，即用复杂方法解决复杂问题。这种想法很符合逻辑，因为既然问题是复杂的，解决它的方法可能就也简单不了。另一种是布尔、香农和图灵的方法，即用简单方法解决复杂问题。这似乎不符合人们的直觉，但计算机这种人类发明的最复杂的机器，恰恰就是采用简单方法研制出来的。

巴贝奇努力了一辈子，想要研制一台能解决微积分问题的计算机，最终却因为设计太复杂而无法制造。香农在布尔工作的基础上，用几个简单的开关电路实现了所有运算，图灵则采用一个非常简单的数学模型指明了让机械完成计算的通用方法。人类第一台电子计算机，就是在这种简单性的原理基础上设计、制造出来的。

## 如何找到事情最核心的问题

用简单方法解决复杂问题，是每个人都需要掌握的最基本的技能。那么，怎么才能做到这一点呢？简单来说，就是**遇到复杂事情时，要先找到最核心的问题，从简单方法入手**。找最核心的问题，就是把复杂的问题精简成一个最本质、最简单的问题。从简单方法入手，就是用最符合常规的方法去解决这个被精简后的问题。

举个例子，对很多人来说，股票投资比较保险的挣钱方式主要是定投股指基金，这可以满足差不多80%的人的投资需求。当然，特定场景下，也有比定投更好的方式，但它们都非常复杂。对很多人来说，选择其他方式，可能花了很多时间和精力，才提高了一点点收益，这其实是很不值得的。我的建议是，如果对定投不太熟练，就先别考虑其他的投资方法。如果为了一点额外的收益，天天计算着如何选股，如何把握时机，忘了还有定投这种最简单有效的方法，那就是既丢了西瓜，又捡不到芝麻。

再比如前面讲到的设计计算机的问题。19世纪，科学家搞出了一大堆越来越复杂的计算，从加减乘除到指数、对数和三角函数，再到微积分，人们通常会觉得计算的工具也要越来越复杂。但是香农和图灵发现，所有复杂的计算都有一个非常简单的核心，就是0和1之间的二值运算。把这个最核心的问题解决了，所有计算问题就都解决了。

其实，找最核心的问题，和我们常说的"要找主要矛盾"有相通之处。这句话的完整意思是既要找主要矛盾，也不要忽略次要矛盾。听起来，似乎主要矛盾和次要矛盾是同等重要的，但其实两者地位绝不相同。按照我的经验，一个人即便思维水平一般，但只要做事认准主要矛盾，那基本上也能拿到八十分的结果，生活也不会过得太差；相反，一个人即便脑筋非常灵活，但总想着兼顾方方面面，一定要把次要矛盾也解决掉，却忘了抓主要矛盾，那他很可能就会活得非常累。

**如何找到核心问题的简单解法**

找到了最核心的问题，接下来就是针对这个问题找简单方法。下面来看一组具体的例子。

先来看第一个例子：禁烟。禁烟在世界范围内都是一个复杂的问题，很多国家尝试了很多复杂的方法，效果都不好。但实际上，有一个很简单的方法可以有效解决这个问题，就是限制可吸烟的场所，让吸烟的人意识到吸烟的成本很高，甚至可能找不到能吸烟的地方。以美国为例,在限制了一部分可吸烟的场所后,2019 年的吸烟人数比 2005 年减少了 1/3。

那为什么以前没有采用这个简单有效的方法呢?因为政策制定者同时考虑了很多因素,比如有人认为吸烟是个人的自主选择,要给人吸烟的自由,等等。其实在这件事情上,吸烟会给人的身体带来危害是主要矛盾,在人的健康面前,其他的矛盾都是相对次要的。只有意识到这一点,限制吸烟场所这个措施才有可能真正得到推进。

再来看第二个例子:对智能手机的使用。我们经常讨论一个话题,就是智能手机是好处多,还是坏处多。很多人一说到这个话题就很纠结,说智能手机既给我们提供了方便,又会让我们上瘾,它既有好处,也有坏处,所以我们要合理使用手机。这话说了等于没说。我们不妨问问自己,我们真能做到合理使用手机吗?

当然,如果你的工作不是太辛苦,觉得自己做到中等水平就挺满意,还有很多闲暇时间不知道怎么打发,那你尽可以随意玩手机,享受手机带来的各种便利。但是,这并不是人们通常想象的合理使用手机。如果你是一个学生,在学校里成绩一般,还有很多知识没有掌握,同时你又想要考上好一点的大学或者考上研究生;或者你虽然很努力学习,但也喜欢踢足球,想在校队担当主力队员，那问题就来了——你需要的是时间，而玩手机这件会大量占用时间的事情就不能做了。你不太可能既有时间舒舒服服地玩手机，又能把成绩提起来，更不要说再把足球技术练好了。同样，你如果刚参加工作，希望晋升得快一点，你会发现自己最缺的也是时间。

如果你已为人父母，即便自己不需要每天把时间这根弦绷得太紧，也会发现孩子玩手机会占用大量的时间。那作为家长，最简单的处理方式就是把孩子的手机收起来，让他做自己该花时间做的事情。但是，这又会引起家长和孩子的矛盾。

实际上，大家承认也好，否认也罢，所谓合理使用手机基本上就是个妄念。而解决这个难题最简单的方法，其实就是尽可能不用手机，而不是想办法让手机更合理地被利用——后者几乎没有人能做到，而前者却有不少人做到，并且从中受益了。

第三个例子是对青少年行为的限制。正好前一阵子，有人问我怎么看限制青少年玩游戏这件事，我说很好。有个朋友就不同意了，说管孩子是家长自己的事情。我就问他，你能做到不让孩子玩游戏吗？如果做不到，那这件事不是挺好的？

其实，世界各国早就在做以立法约束青少年行为的事情了，比如限制青少年吸烟、饮酒等。可以说，几乎没有一个国家光靠家长的努力就能做到不让孩子吸烟、饮酒。家长们各种软的硬的方法都用了，效果都不太好。但当很多国家立法规定商家不能卖烟酒给青少年后，这个问题就得到了比较好的解决。

第四个例子是足球和短跑。看足球比赛时，如果自己喜欢的那支球队输了，总有许多人对教练和比赛评头论足，说什么战术不当、运气不好、轻敌等，原因能找出一大堆。但有一次，一位巴西的同事和我谈到足球，给我讲了一个很简单的观点：想知道巴西的足球为什么那么厉害，只要看看巴西的孩子怎么练球就行了。据他讲，在巴西，除了卡卡，其他世界级球星几乎都是穷人家的孩子。对他们来说，踢球就是摆脱贫困的通道。很多小孩练球，就跟我们的孩子学习一样刻苦用功，从早到晚一直泡在街头的小广场上，从日出到日落，每天用将近10个小时甚至更长的时间来练习。

这个观点我很认同。足球虽然是一项复杂的运动，但它有一个最简单的内核，就是球员的基本技术，没了这一点，什么都免谈。这就好比再厉害的大学教授，也没法教一个不会加减乘除的学生学会微积分一样。所以，**在面对一件复杂的事情时，如果还没有尝试过最简单的方法，那就先不要去想复杂的方法了。**

和巴西人擅长踢足球一样，牙买加的短跑在世界上也是出了名的。在过去的半个世纪里，人口不到300万的牙买加诞生了世界上最多的短跑冠军。虽然美国非洲裔的人口有牙买加的 10 倍之多，但短跑冠军的数量还是比不上牙买加。我有个朋友在牙买加教过书，他跟我说，那里的孩子每天不知道要进行多少次短跑比赛。可能两个同学聊着聊着天，突然就决定比一场。在那里，成为短跑运动员几乎是人们在经济上翻身的唯一出路。

**先用简单的方法试试看**

说了这么多，具体到当下，我们又该怎么做呢？

世界上很多难题看似解决不了，其实都是因为它们被简化后的基本问题没有解决。这就好比学生没有搞清楚数学上的一些定义和概念，那学习再多的解题技巧也解不出一道难题。我们在本章第一节讲过，方法总比问题多。如果我们真想解决问题，不妨先把那个难题里最核心的问题找出来。这些核心问题往往都不难解决，我们可以找最简单的方法试试看。万一这些简单方法行不通，我们再花时间尝试复杂的方法也不迟。

讲回当下，很多家长、孩子的想法和做法其实是矛盾的。一方面，有的家长为了孩子高考熬白了头，有的孩子因为没考上心仪的学校惦记一辈子；另一方面，这些家长其实很少真正过问孩子的学习情况，他们不太关心孩子是否真把课程内容学懂了，只会盯着孩子试卷上那个分数。同样，一方面，有些孩子因为没考上心仪的学校惦记很久；另一方面，他们上学时的心思却不完全在读书上，反而把很多时间荒废在吃喝玩乐上。其实，对家长来讲，与其在高考后埋怨孩子，不如平时多过问一下他们的学业。对学生来讲，与其好高骛远，指望考试时能超水平发挥，把所有难题都做出来，不如把课程的内容学懂、学透——这就是高考这个系统工程中最基础的事。做好这件事，就是最明确、最简单的方法。但是，很多人不仅没有做到，还在回避这个问题。

工作中的问题也是如此。一个人如果连最基础的工作都没有做好，那考虑职业发展就完全是在想空中楼阁。一个企业如果连盈利都做不到，那考虑各种商业模式的创新或者资本的运作就是天方夜谭。

做企业说难也难，说容易也容易。几年前，我和国内一位经济学家聊天，他说了一个观点——在中国这么大的市场环境下，一家公司只要能持续盈利，十年后就会成为很庞大的企业。但现实中，很多人做企业都懒得去解决盈利这个基本问题，也没有耐心做十年，反而热衷于玩一些看似高超的技巧，比如资本运作。

对企业来说，高超的技巧不是说完全不需要，但用它的前提是企业得先有基本盘。没有基本盘这个内核,企业可能会随时垮掉。这也就是为什么有些企业动辄估值上千亿元,发展得很快,却垮得也很快。

概括来讲,世界上有很多复杂的问题,但不管多么复杂,解决起来都要从它简单的内核入手。遗憾的是,人们常常忽略这一点。

# 从计划导向转变到
# 行动导向

人总会给自己设定目标，而且最初的目标通常都是自我导向的，但稍微成熟以后，就会考虑社会和组织的需要，转变为社会导向。这是人在宏观层面目标的变化。一个目标得以实现，还需要有行动，而行动之前需要有计划。接下来的问题就来了，"计划"和"行动"哪个更重要？或者把它概括成一个更抽象一点的哲学问题——到底是先有行，还是先有知呢？

## 先有行，还是先有知

很多人会觉得这似乎是一个先有鸡还是先有蛋的问题，因此就说反正这个问题也搞不清楚，何必费心呢？近年来，王阳明"知行合一"这句话很时髦，于是很多人又会用这种思想来给一个模棱两可的回答。

但是，"知行合一"并没有回答"先有行还是先有知"的问题,因为"知行合一"既可以解释成有了想法一定要付诸行动,也可以解释成不断从行动和实践中提升自己的认知。根据我对王阳明哲学的理解,以及对他生平的了解,我认为他更强调的是在有了想法后要付诸行动,也就是说强调行。作为一个明朝人,王阳明这个说法是有很明确的针对性的。毕竟明朝的士大夫们就是重知不重行,基本上是光说不练,甚至到了国家将亡时,这个毛病也没有改。

"四书"中的《中庸》记录了孔子对知和行这个问题的思考,其中有很多真知灼见。当然,也有一些在现代人看来带有偏见和矛盾的论述。

比如,一方面,孔子说:"道之不行也,我知之矣:知者过之,愚者不及也。道之不明也,我知之矣:贤者过之,不肖者不及也。"意思是说,中庸之道不能实行的原因是,聪明的人容易自以为是,认知过了头;愚蠢的人知识才智缺乏,不能理解这个道理。类似地,中庸之道不能弘扬的原因是,贤明的人做得过了头,而不贤的人又做不到。但另一方面,孔子又说,"愚而好自用,贱而好自专"。意思是说,愚蠢的人喜欢自以为是,卑贱的人喜欢独断专行。这和"知者过之"的说法看上去似乎有所矛盾。但实际上,我们读中国古代经典时,需要了解中国古代哲学有它自身的风格。比如,《庄子》和《老子》中也充满这种看似矛盾实则很有道理的论述。

在《中庸》的第二十章,孔子把人分成了三类,第一类是圣人,他们先知先觉,即知先于行;第二类是聪明人,他们可以被教化,通过学习获得正确的认知;第三类是普通人,他们只有遇到失败才能吸取教训,不撞南墙不回头。孔子用"或生而知之,或学而知之,或困而知之"来描述这三种人。

在认知上如此,在行动上也是如此:有人从本心出发,自觉地去做一件事;有人是为了利益采取行动;最被动的人则是被人逼着采取行动。孔子用"或安而行之,或利而行之,或勉强而行之"来形容这三种人。

以前有人批判孔子这种观点,说他把人分成了三六九等,看不起劳动人民。这应该是有点过度解读。孔子并没有认为所谓的上等人就是先知先觉的。更合理的解释是,孔子看到了一些现象,发现确实存在一些人见识高于其他人,以至于他们看起来就是先知先觉的。同时,生活中也确实存在很多"或困而知之""或勉强而行之"的人。正是因为看到了这些现象,孔子才会把人归为这三类,这样理解就合理了。

如果考虑到比较长的历史时期,从整体上来看,会发现受教育程度高的人,即所谓的知识阶层,通常更倾向于认为"先有知,后有行"。今天接受过大学教育的人都可以归为这一类人。大家读了十几年书，其实还没有做过太多具体的事情，但是有一点大家都很明确，那就是要用所学到的知识去谋生。相比之下，那些没有太多机会接受系统性教育的人，通常就会从行动中总结经验，或者说不得不从行动中学习。对他们来说，情况往往是"先有行，后有知"。

## 重计划，还是重行动

了解了知与行的关系，对我们有什么启发呢？启发就是，**对大部分人来讲，要做出有效的进步，需要从思路上做出调整，从计划导向调整到行动导向**。具体原因有以下四点。

第一，知识阶层容易对"知"产生依赖。500多年前，王阳明发现了明朝士大夫阶层的这个问题，提出了知行合一的主张。100多年前，麻省理工学院在建校时发现，当时的大学生过分注重精英教育，忽视动手能力，因此用"Mens et Manus"（动脑也动手）这句话作为校训。我想本书的读者大部分受教育程度也比较高，因此也需要特别注意在"行"这方面的主动性。

第二，把自己放到社会的视野里，会看到今天社会的一个标志性特征就是流动性很大。这里说的流动性包括时间和空间两方面。从时间上讲，就是社会变化的速度很快，可能现在一二十年就能完成过去几百年才能完成的改变。比如，从金属货币到纸币的转变花了上千年的时间，从纸币普及到信用记账花了几百年的时间，而从信用记账到使用数字货币只花了不到100年的时间。

在社会变化如此之快的情况下，如果只想着按自己的计划来，显然是容易出问题的。不管做的是什么计划，都需要在行动中根据具体情况的变化加以调整。我们不妨回想一下自己走过的职业发展道路。读书时，我们对未来的自己有很多想法，但我们在40岁时做的事和30岁时的想法可能会有很大的差别，而30岁时的想法和20岁时所学的可能完全不同。我算是一个非常会订计划，也能够执行计划的人了，但我制订过最长的计划有效时间也不会超过10年。比如，30岁以前，我从来没有计划过做投资人；40岁以前，我也从来没有考虑过当作家。

制订计划是非常有必要的。一个人如果没有计划，就会脚踩西瓜皮，滑到哪里算哪里，时时刻刻都处在被动状态。但是，计划是有时效的。我国有五年规划、十年规划纲要，设定这么长的时间周期是合理的。其他国家没有这种计划，但一届政府的任期通常也就是四五年，连任一次就是八到十年，说明可以规划的时间长度跟中国差不多。在这样一个时间跨度内，计划导向很重要。但是，一旦制订出计划，就需要变计划导向为行动导向了，因为我们的行为不仅决定了结果，还决定了接下来的计划是什么。相反，如果固执地执行一个已经过时，甚至不切实际的计划，就可能会时刻遇到阻力。

第三，很多人都希望自己有领导力，而领导力的获得更依赖于行动导向。

我在大学时有一位同学，一开始我和她来往不多，不是很熟悉，只是看她提干入党升得很快，所以还挺纳闷的。但后来的一次经历让我理解了其中的原因。

那次我们班上需要不小的一笔钱，具体原因我已经记不清了，但也不重要。对于怎么获得这笔钱，班上十几个相关人员讨论了几次，提出了一堆想法和做法，结论是打算做一笔生意。但打算归打算，说到落实，就没有人愿意去做了。最后是这位同学和我想把这件事定下来。于是，我们一起骑车去相关地方跑了一大圈，搞清楚了那种生意实际操作起来所需要的全部流程。然后经过分析，我们决定不做这笔生意了。虽然计划没有落实，但经过这件事，我对她有了全新的认识，也理解了她为什么会升得那么快。

我在《硅谷来信 I》中讲过曹操和郭嘉的区别。两人都是有才干的聪明人。郭嘉堪称东汉后期和三国时期谋臣中的翘楚，算无遗策，可谓在计划导向方面做到了极致。但他只能做谋臣，成不了领袖。真正的领袖还需要擅长行动，曹操就是这样的人。在几十年的征战中，曹操很少有一帆风顺的时候，在讨伐吕布、张绣、袁绍、孙权和马超的战役中，曹操都是遇到困境乃至险境之后，依靠适时的明智行动化险为夷、反败为胜的。

第四，今天获取知识的渠道有很多，想要获得其他人没有的认知，只能靠自己的行动。也就是说，在一定程度上，要想在知的层面超过他人，就要在行的方面比他人更加亲力亲为。

古代喜欢将那些有先见之明的人看成圣贤，但是很少有记载表明圣贤们的先见之明是从哪儿来的，结果大家就把他们神化成先知先觉的人。比如，《圣经》中讲了很多犹太先知的故事，他们的先见之明来自神谕。这就属于神化圣贤的一种。

其实，先见之明通常来自别人没有的经历和基于那些经历进行的思考。举个例子，美国有家经常做空中概股的公司叫"浑水"（Muddy Waters Research），专拣有缝的蛋叮，几乎从不失手，2020年发现瑞幸咖啡在经营数据上作假的就是它。那它是如何发现这一点的呢？很简单，一般的分析师只看财报、听汇报，而浑水的做法是跑到瑞幸咖啡的一家家门店数人头、收集发票。最终，审计公司安永（Ernst & Young）都没有发现的问题，就被浑水发现了。

今天，大家很轻易就能在互联网上下载信息，进行分析，这件事的成本极低。但是，这样只需要极低的成本就能得到的计划，别人也很容易得到，因此价值也极低。我写了很多和历史有关的书，受到了一些业内人士的认可，也受到了一些读者的欢迎，其中很重要的一个原因就是我会找一手资料，而不会只复述别人讲的史料。为了验证一些历史事实，或者是为了感受某个历史事件的氛围，我甚至会到现场去走访当事人，而不只是简单地在图书馆查资料，然后闭门造车。

知行合一的道理大家其实都清楚。每个人从学习阶段发展到参与社会生活和工作，就是一个由知到行的过程。但是，要取得有效的进步，更需要有一个从由行到知的过程。在这个过程中，过程和结果都很重要。

离开学校，进入社会，在工作中遇到问题，不知道如何解决，该怎么办？一个常用的办法是问同事。同事直接把方法告诉我们，我们解决了问题，就完成了任务。但这样就容易缺少思考的过程，下次再遇到类似的问题，我们可能还是解决不了。相反，还有些人喜欢自己琢磨，但常常很长时间都琢磨不出来，他们经历的只有部分过程，却没有结果。这两种方法都算不上让人有效进步的好方法。

**从别人那里得到的经验，不等于自己的经验；自己失败的经历，也不等于日后可以倚仗的经验**。在获得经验这方面，20

世纪美国著名实用主义哲学家和教育家杜威给出了很好的方法。他说，经验 = 经验的结果 + 经验的过程，两者缺一不可。因此，如果别人告知了你答案，你得到了想要的结果，那你还需要重新走一遍别人获得经验的过程，这样别人的经验才能变成你的经验。反过来，如果你遇到一个解决不了的问题，思考了很长时间都没有找到答案，然后放弃了，那你就没有得到任何经验。这种失败不会是成功之母，只会给人留下失败的阴影。这时，只有向人请教，最终解决问题，前面辛苦探索的过程才不算白费。

打个比方，小明考试时有一道题不会做，于是抄了同桌的答案，那他还是没有这方面的经验。小强考试时也有一道题不会做，憋了半个小时都没有解出来。老师批完发下考卷后，小强又花了两个小时解题，但依然没有解决，然后就放弃了。同样，他也没有获得经验。下次考试再遇到相同的题型时，两人依然不会做。那他们应该怎么做？小明需要向同桌问清楚为什么要那样解题，然后再做几道类似的练习题。小强则需要向老师或同学请教，而不是自己继续苦思冥想。这样的学习方法，其实中学生都知道，但是很多工作多年的人却都忘记了。结果就是，他们以前的工作经历并不能成为解决更复杂问题的经验。

只有成功做完一件又一件自己过去不会做的事情，我们才能逐渐积累起经验；经验积累多了，才有可能在认知上得到提升，这就完成了进步的一次循环。然后还需要这样不断地循环，才能实现有效的可叠加的进步。

"学而知之""安而行之"，我想，这应该是我们每一个人的目标。

# 从盲目试错转变到科学试错

很多人会把"经历"和"经验"混淆，其实两者大相径庭。经历谁都有，哪怕被关在囚牢中十年，人也能获得十年的经历。但那样的经历不仅是痛苦的回忆，还让人失去了十年本可以获得经验的时间。经验是宝贵的，但没有成为经验的经历可能只是浪费时间。至于如何获得经验，上一节讲到了杜威的观点，即经验 = 经验的结果 + 经验的过程。对经验来说，结果和过程同样重要。不过，这里还有两个要点必须强调一下。

第一，无论是经验的过程，还是经验的结果，都需要是可重复的，因为只有可重复的过程和结果才有被再次利用的价值。不可重复的过程其实并不构成经验，因为同样的情况我们以后不会再遇到了。第二，经验是一个人，特别是学生在日常生活和学习的过程中，与周围环境相互作用的结果。因此，离开了与社会生活的相互作用，经验就很难积累起来。

把这两个要点结合起来，就很容易解释为什么很多人年纪不小,经验却不足。比如,我发现长期在大学工作的人,社会经验,特别是处理人际关系的经验,相比于他们的年龄和学识来说是远远不足的。因此,我们常说这些人有书生气。究其原因,主要是和环境互动不够,毕竟校园这个象牙塔的环境过于简单。我从小在大学校园里长大,也在大学工作过。我发现,在官场和商界摸爬滚打两年所积攒的社会经验,要比在校园里待二十年所获得的还多。再比如,很多人做事情总是习惯性地失败,而且每次都有不同的原因。这纯粹是因为他们运气不好吗?也不尽然。这些人经常把那些不会重复的偶然现象当成宝贵的经验,因此每次做事都如同刻舟求剑。这样的人缺乏真正的经验。

真正的经验对任何人来讲都是相当宝贵的。杜威说,一盎司经验胜过一吨理论,就是这个道理。经验不仅是我们知识和认知的重要组成部分,让我们在下次遇到类似事情时知道该如何应对。更重要的是,经验还会把我们塑造成不同的人。之所以每个人都是独一无二、不可替代的,就是因为每个人都有不同的经验。因此,经验是我们独特的价值之所在。

每个人获取经验的方法不同,效果也千差万别。有些人年纪很大了,经验却很少;有些人则是少年老成,小小年纪就经验颇丰。那么,我们该如何有效地获取经验呢?**一个行之有效的途径,就是从盲目试错上升到科学试错**。

人在学习和做事的过程中不可能不犯错误。犯了错，知道哪些事情不能做，或者哪些做法是不对的，避免将来再犯同样的错误，这就是试错。主动试错是积极获取经验的手段，也是行动导向的一部分。为了获取经验，我们有时会刻意做一些尝试，这不是为了完成任务，而是为了了解情况，获取信息。比如，有些恋爱中的人会故意说错一句话，以此来看对方的反应，这就是通过主动试错获取经验。

如果从来不试错，那就很难主动积累经验。虽然我们也都在通过生活经历被动积累经验，但只靠被动积累，所有人进步的速度就会差不多。我们有时候说人要勇于尝试，这里的"尝试"其实就是指要主动试错。

当然，如果只是盲目地去尝试和试错，虽然不能说没有效果，但效率肯定很低，有时候甚至会得不偿失。比如，恋人间开一个不合适的玩笑，就可能会损害两个人的关系。因此，杜威认为，要想有效地获取经验，就需要科学试错，不能乱来。杜威把科学试错概括成五个步骤，即杜威的"思维五步法"。

**第一步，试错的时机通常是你遇到困难，或者是要探索未知世界的时候。**

这个前提条件常常被人忽略。杜威的意思是，如果过去的经验没有出现问题，现在还适用，就不要做画蛇添足的事情，不要为了试错而试错。

在生活和工作中,你可能遇到过一些人,他们掌握了一些权力,于是喜欢把别人做的东西按照自己的意愿改一下,尽管改与不改其实没有什么差别。比如在谷歌,每个人提交程序代码后,都需要找个人审核一下。有些审核人就喜欢改别人的代码,而那些改动常常并没有什么实际意义。再比如,在很多单位,新领导来了,就非要把上任领导定的一些规矩改掉,尽管那些规矩并没有出问题。这样为了改变而改变的事情做多了,时间就被浪费了。这种经历也很难称得上是有价值的经验。

**第二步,要确定困难所在,或者问题所指。**

这一点很好理解。既然是在遇到问题时才去试错,自然就要把问题定位出来。比如,你家的空调不工作了,你就需要确定是不是没插电,是不是制冷剂氟利昂漏了,是不是电路短路烧坏了压缩机,等等。有经验的维修工会一步步找到问题所在,没经验的人则只能随意猜测。

**第三步,设想解决的办法,尤其是要列出多种方案。**

这一步显然是最重要的。杜威特别指出,对于任何问题,都要尽可能地列举出更多的解决方案。之所以要抱着这样一种意识,不仅是因为害怕漏掉了正确的方案,也是因为我们总是要尝试寻找更好的方案。因此,我们不能本能地事先锁定自己偏好的方案。很多人找到一个可行的方法就觉得发现了一切，并且停止了探索，这就失去了变得更好的可能性。

我们在做事情时常常会陷入一个误区，就是想到一个方案就动手，然后就觉得问题解决了。事实上，一个真实的问题常常有很多种解决办法，而且它们都行得通。这些办法没有对错之分，却有好坏之别。在有些领域，比如计算机科学领域，最有效的方法和比较有效的方法之间的效率可以相差百倍甚至万倍。在动手之前，要先多动脑，尽量降低出问题的概率，因为如果在行动之后才发现出问题，修正偏差的成本就很高了。上一节强调了做事要坚持行动导向，但这并不意味着要盲目行动，而是要理智地行动。

在谷歌，开始一个项目之前，通常要经过一个论证环节。有可能是开会论证，也有可能是通过邮件讨论来论证。但无论是哪一种，负责人都需要在项目说明书中至少列举两种方案，因为如果只列举一种，那它通常就是第一反应想到的方案，而不是深思熟虑后设计的最佳方案。如果负责人只给出了一个方案，项目通常就无法立项。如果负责人列举了两种或两种以上的方案，至少说明他不是很轻率地提出了这个想法，而是进行了一些比较研究。一些资源比较多的公司，甚至会安排两个团队背对背地独立实现两种方案，以免某种方案存在难以预料的致命缺陷，导致出问题后无法弥补。

考察了不同的方案后,接下来依然不是挑一个实施,而是要先完成下面这一步。

**第四步,理性地推演一遍不同方案的效果。**

这时,要尽可能采用理性推演的方式去论证每个方案,这比直接投入到实操中去测试的成本低多了——不仅消耗的资源少,而且省时间。

企业也好,政府部门也好,都会经常开一些研讨会或者决策会,根据以往的经验和逻辑,尽可能地判断手头各种方案各自有怎样的优势和劣势。这其实就是做推演工作。

**第五步,进一步观察实践,与之前的推演相对照,肯定或者否定事先的假设,得出可信或不可信的结论。**

在这个世界上,除了数学知识,其他任何知识都需要通过观察、实验和实践来检验。对于现实生活中的各种问题,可以有各种假说来解释。这些假说可能都符合逻辑,也都能自圆其说,但这不等于它们都是对的。正如波普尔所说,"假说并不是科学的,任何假说都只是假设,只有经过验证的,或者说可证伪的假说,才是科学的"。因此,对经验主义者来讲,验证各种理论是非常重要的。不仅学术领域如此,生活中也是如此。从做饭到交易股票,再到寻找上班的最佳路线和出门的最佳时间,都是如此。

在采取行动验证结论时，人们通常会陷入两个误区。

第一个误区是，在实践结果否定了假说后，不是放弃假说，而是另想办法自圆其说。比如，一个女生想知道她喜欢的男生喜不喜欢自己，于是做了一些尝试，向对方示好，但对方完全没有接。很显然，这时女生应该得到男生对她不感兴趣的结论。但有的人不会这么想，她们会觉得对方可能只是不好意思，或者那天有其他事情，又或者正是因为对自己有好感，才故意表现得若无其事。但所有这些解释都是自欺欺人，不符合奥卡姆剃刀原则——"如无必要，勿增实体"。如果稍微留心一下，你会发现很多新闻报道中也存在同样的问题，根据它们展示的证据，根本得不出假设的结论。

第二个误区是，用个案去肯定或者否定一个假说。这一点不难理解，但这一类错误很多人都会犯。比如，战国时期齐国名将田单使用火牛阵打破五国联军，并且最终收复了齐国的失地。之后，历史上很多将领都效仿他使用火牛阵，却鲜有成功的。唐朝的房琯使用火牛阵，可是着火的耕牛敌友不分，没有伤及多少叛军，反而扰乱了自己的军队。南宋邵青叛乱，使用火牛阵，没想到火牛性情暴躁，掉过头冲向了邵青自己的军队。不仅火牛阵不成功，清朝噶尔丹首领罗卜藏丹津与清军作战使用火驴阵，近代韩复榘使用火羊阵也都以失败告终。后人失败的原因并不难理解,牛是不分敌友的,被烧受到惊吓后,有可能往前跑,也可能四处乱窜,甚至可能回头跑。因此,用火牛打败敌人是带有偶然性的事,不能根据一个个案就得出火牛阵有效的结论。

按照以上五个步骤,我们可以更有效地试错,更快地获取经验。不过,在此基础上,我还有两点感受想要补充一下。

**第一,聚焦原则,整体进步始于单点突破。**

前面讲过英国自行车队的案例,他们整体的进步是通过很多细小的进步积累而成的。但是,如果把所有改进措施一口气都投入实践,各项措施的效果就很难衡量;如果整体效果不好,也很难查出是哪里出了问题。比如,我们采取了 10 项措施,假设每项措施可以把成绩提高 0.1 秒,10 项加起来的理想情况是把成绩提高 1 秒。但如果在试错时把 10 项措施一起上,结果总共提高了 0.2 秒,那我们就很难判断这是什么原因造成的。或许其中有的措施是有害的,抵消了其他措施带来的收益;又或许有些措施的效果并没有想象中好,被夸大了。总之有很多可能性。

为了避免这种情况,试错时,我们需要一点一点地去试,确认某个做法有效,再去试下一个。这样,如果试到第五个时发现有了副作用,我们也知道问题出在哪里。

这个原则在科研和工程工作中极为重要。这样做看似有点慢，却能保证我们不断取得进展。反之，如果所有措施一起上，就变成了盲目试错。

**第二，通过迭代实现完美主义。**

完美主义并没有错，关键是如何实现完美。人不可能一口气吃成胖子，饭要一点点吃，事要一点点做。虽然我们的目标是最好，但这是通过每次都比原来更好实现的，不可能一步就达到。理解了这个道理，我们就需要在过程中容忍很多缺陷。

很多人希望一次把所有缺陷都改了，但这是不现实的。想要一蹴而就，工作就永远无法完成。很多时候，我们能做的就是在截止日期到来前把最重要的事情做完，而不是为了把所有事情做完而不断延期。当然，更不能为了达到表面上的完成而偷工减料。

\*

人的成长过程，就是通过不断试错而进步的过程。害怕失败，不去试错，就没有经验；盲目试错，成长的速度就太慢了。人必须掌握一套自己用得得心应手的试错方法，积极地、有选择地对自己的经历和体验做出回应，让自己适应环境。这就是经验的积累，杜威称之为"探究"。

当我们能够反复验证某些探究得出的经验，它们就可以上升成我们对这个世界的认知。小到个人，大到整个人类的认知，就是通过这样的方式一点一点向前拓展的。

# 第五章
# 相信个人的力量

▼

Chapter Five
## Believe in the Power of the Individual

我曾经在网络上看到一篇文章，大意是说中国出生在 20 世纪 60 年代末到 70 年代末的一代人最幸运。他们既避开了 60 年代初物质极为匮乏的经济困难时期，也没被高考制度中断耽误学习，在走出大学校门时又正好赶上中国经济高速发展的大时代。

　　不过客观地讲，那一代人小时候和十几岁时的生活条件并不好，其艰苦程度甚至不是他们的子女可以想象的。因此，要说那一代人最幸运多少有点勉强。当然，由于那一代人的生活是一直往上走的，因而他们的幸福感比较强。今天的人虽然物质生活水平比那个年代有了翻天覆地的变化，社会却似乎没有给他们留下太多发展空间。好的机会都被前辈拿走了，他们不得不拼命竞争有限的资源。甚至有人觉得，大时代已经过去了，个人的机会已经没有了。实际上，哪一代人都有机会，一个人只要把自己的潜能发挥到极致，就能做出改变世界的壮举。不过，在讲述这些凭一己之力改变世界的人之前，我们先说说为什么不应该躺平。

## 躺平，
## 是应对内卷的正确方式吗

今天网络上有两个流行词——"内卷"和"躺平"。躺平是一些人对内卷的反应，特指一些年轻人面对激烈的竞争，采用不参赛的方式消极对抗。用年轻人的话来说，就是不卷了、退出内卷。而在具体行为上，他们主要采取的做法是降低自己的欲望和对生活的要求，甚至不再长期工作，只做兼职或者打零工，过非常低成本的生活。但只要稍微了解一点经济规律就会知道，这种做法显然是不利于社会经济正常运转的，不是什么值得赞同的事情。

但是，也有一部分人对躺平做出了解释，比如"独特的反抗""极简生活"等，甚至有人引用一些先贤及其行为来类比，比如"非暴力不合作""竹林七贤""当代的第欧根尼"等。但问题是，真的可以这样类比吗？或者进一步追问，躺平者真的能躺平吗？

实际上，所谓的内卷，在欧美国家早已有之；所谓的躺平，欧美国家也早就出现过类似的现象。

在 20 世纪的美国和欧洲，出现过好几波对社会不满、发起积极或者消极反抗的年轻人。我在《吴军阅读与写作讲义》中介绍过"迷惘的一代"的代表作家海明威和菲茨杰拉德，他们的很多作品都是 20 世纪 20 年代前后欧美迷惘的年轻人的写照。那当时的年轻人面临的到底是怎样的环境呢？

就美国而言，其实 20 世纪 20 年代前后是美国发展最繁荣的两个时期之一，史称柯立芝繁荣[1]；欧洲的这一时期，则是作家茨威格无限怀念的"昔日的好时光"。也就是说，恰恰是在这样一个全面繁荣的时代，许多年轻人陷入了迷惘。而之所以会有那么多年轻人对社会不满，其实不是因为社会太糟糕，而是因为社会太好了，让很多人都能接触到原本接触不到的东西，进而在对比之中产生了不满；又或者是因为物质条件丰富，反而让一些年轻人失去了前进的动力。

但是，在所谓"迷惘的一代"中，既有菲茨杰拉德笔下那样悲剧性的青年男女，也有海明威那样把青春和热血奉献给全世界自由事业的人。我在《吴军阅读与写作讲义》中详细分析

---

1 美国另一个最繁荣的年代是克林顿时代。

了这两类人,如果你有兴趣可以去看看。

到了20世纪五六十年代,欧美又出现了一波年轻人的运动。这些年轻人的主张和"躺平"有很多相似之处,他们被称为"垮掉的一代",后来的"嬉皮士"也是这一派人的延续。研究文化现象的人认为,这些运动体现了新青年对旧制度、旧道德的不满,体现了年轻人消极不合作的反抗态度。直到今天,还有人赞扬这一代年轻人的反抗精神。但问题是,这些人后来怎么样了?

恰好,对于20世纪60年代这一代的欧美年轻人,我接触过不少,有很多一手资料,可以详细地说一说。具体来讲,这一批人后来分化了。

其中一部分人到了70年代,穿上了正装,开始上班,或者认真创业,从事非常有创造性的工作。比如,乔布斯和比他年纪稍微大一点的硅谷第二代创业者,都曾经是"垮掉的一代"。我原来在巴尔的摩的房东也是这种人。在60年代民权运动发展得如火如荼时,他和同学从巴尔的摩走到华盛顿去抗议,那可是单程40英里的距离,相当于一个半马拉松的路程。后来,他老老实实地当了《巴尔的摩太阳报》的摄影记者,还曾因为冒着生命危险到索马里做战地采访而被提名过普利策奖。在"垮掉的一代"中,这一类人占了大多数。也就是说,"垮掉的一代"

中,大部分年轻人"躺"了一阵子之后,发现没法继续"躺"下去,就还是回到社会合作之中了。

当然,还有一部分人一直"躺"到了今天。在20世纪60年代嬉皮士运动的中心伯克利,今天还有很多流浪汉,其中很多人就是从60年代一直"躺"到了现在。我平时其实不太敢跟他们搭腔,没有直接问过他们的想法。幸运的是,我认识一位硅谷中餐馆的老板,他认识一大群这样的人,跟我讲了这些人的想法。

这位老板原本是斯坦福大学的教授,他太太一直在打理一家在旧金山湾区很有名的中餐馆。后来他从大学退休,就和太太一同打理餐馆的生意。我经常去那里吃饭,慢慢地就和他们熟了。有一次店里其他客人都走了,就剩我们一桌,我就和他们夫妻聊起了老教授退休后的生活。

这位太太说,老先生每天早上四点半起床,五点出门散步,因此斯坦福附近的流浪汉他基本都认识,而且他还跟很多流浪汉是朋友。毕竟在他散步的那个时间,外面只能看到流浪汉。听到他有这样有趣的经历,我就问了他很多有关流浪汉的故事,那些故事都很有意思。

根据这位老先生的说法,这些人成为流浪汉,很多并不是因为家里穷,没有机会受教育。他们之所以这样,一方面是因为愤世嫉俗，消极反抗，最后无法融入社会；另一方面是因为他们喜欢这种躺平主义的生活方式。换句话说，他们并不完全是因为生活所迫才流浪的，而是有自己的一套想法。

另外，很多流浪汉并不是吃了上顿没下顿的赤贫状态，有的人手里也有不少钱，手上的现金甚至比有的普通家庭还要多。毕竟，美国有的普通家庭甚至拿不出 500 美元的现金来救急。这些人的想法也不能简单地用"懒"来形容，很多人其实有鲜明的主张——反对传统道德，批判政府对公民权益的限制，批评大公司的贪婪、社会机构和 NGO（非政府组织）的陈腐，等等。实际上，这些想法和有些人对躺平的辩护很相似。比如有的人会说，一些躺平的年轻人不买房、不买车、不结婚、不生娃、不消费，以最低的标准生存，是为了拒绝成为他人赚钱的机器和被剥削的奴隶。这和很多流浪汉的想法就非常相似了。当然，我不是说躺平的年轻人未来会成为流浪汉，但两者在想法和行为上的相似性难免会让人感到担心。

有人说躺平是今天年轻人的思想解放。其实，如果了解当代世界历史就会知道，所谓躺平的主张，并没有超越欧美 20 世纪 60 年代"垮掉的一代"年轻人的主张。

孔子讲："邦有道，贫且贱焉，耻也；邦无道，富且贵焉，耻也！"意思是说，在一个好的社会，一个人如果只能落得贫贱的下场，那是他自己的耻辱；而在一个混乱的社会，一个人如果大富大贵，那才是他的耻辱。按孔子的这个说法，今天正逢人类历史几千年来的盛世，一个人如果躺平到了流浪汉的程度，那可能就需要思考一下自身的问题了。

同样，有人把躺平和第欧根尼的犬儒派哲学做对比，这也是有问题的。首先，第欧根尼生活在伯罗奔尼撒战争[1]之后，当时是古希腊古典文明的末世，和今天是不能比的。其次，第欧根尼并不是一无所成，他对人类的思想是有贡献的，可那些单纯只是躺平的人又做出了什么贡献呢？

把躺平和竹林七贤的行为做对比也犯了一样的错误。竹林七贤生活的年代，正是司马氏统治下最黑暗的时期。那个时候要出来当官，就必须对司马氏阿谀奉承，如同孔子说的"邦无道，富且贵焉，耻也"。因此，竹林七贤中的阮籍、向秀等人只能装疯卖傻以避祸。这和今天讲的躺平并不是一回事。

还有人把躺平和极简主义的生活方式画等号，这也是不恰当的。毕竟，极简主义生活只是降低自己的物质欲望，把时间和精力省出来做更多事，而不是什么都不做了。

---

[1] 这是以雅典为首的提洛同盟和以斯巴达为首的伯罗奔尼撒联盟之间的一场战争，它结束了雅典的古典时代和希腊的民主时代，使整个希腊开始由盛转衰。

我的导师贾里尼克（Frederick Jelinek）教授就是一个过着极简生活的人。他收入不低，太太也是哥伦比亚大学的教授，但夫妻俩的生活十分简朴。他们住在离学校不远的地方，房子不算很大。我刚认识他们的时候，贾里尼克教授开的那辆老丰田车就已经有 20 多个年头了。有一次我们和他过去在 IBM 的下属吃饭，那些人早就过上非常富裕的生活了，听说他还在开那辆老丰田车，都惊呆了。贾里尼克教授平时的饮食也非常简单，他逢年过节会请我们去他家吃饭，但饭菜实在是太简单了——就是些三明治，以及生的芹菜、西红柿和胡萝卜等。

贾里尼克教授的生活如此简单，这让他有更多的时间做其他事情。他在 62 岁那一年，也就是很多人开始退休的时候，到约翰·霍普金斯大学建立了语言和语音处理中心。经过他 10 多年的努力，这个中心成了全球学术界规模最大、最负盛名的自然语言处理和机器学习研究中心。贾里尼克教授一直工作到自己生命的最后一天。那一天，他仍然按时到达了实验室，后来觉得有些不舒服，很快便与世长辞了。像他这样的生活方式，才是我所理解的极简主义。

今天，有些人会把躺平的原因归结于所谓的内卷，甚至归结于当年父母对自己训诫太过，以至于自己再也不愿意努力了。但有一个问题不知道他们有没有想过：在改革开放之初，年轻人面临的条件比现在艰苦得多,那时为什么没有人选择放弃、呼吁躺平呢?很简单,因为在那时,躺平就意味着饿死。换句话说,今天很多人想要躺平,是因为有条件躺平,其实是上一代人的奋斗给年轻人创造了可以躺平的条件。这也是为什么在柯立芝繁荣的时代,美国的年轻人反而出现了迷惘。繁荣,是躺平的硬件条件。

从软件上说,今天的社会对个人行为也更加宽容了,让一些人能按照自己的意愿随意地生活。但是,**一个人躺久了,恐怕就会像伯克利的流浪汉一样站不起来了;一个社会躺久了,可能就再也不会有可以让人躺的资源了。**

当然,可能很多人会觉得,现在已经不是能做成大事的大时代了,不管自己躺不躺平,最后的结果都差不多。但实际上,任何地点、任何时代,都会诞生许多平凡而又了不起的人物,他们并不比别人多什么条件,却能凭借一己之力改变世界。在接下来的几节里,我们不妨来看几个这样的人,他们其实和你我以及我们身边的人没有太大的差别,他们能做到的事情,我们也有可能做到。

## 罗林森：
## 破译楔形文字

今天很多人觉得，如果自己能成为一个大公司的副总裁，或者当上一个局长、部长，就能调动很多资源做大事了。否则，个人的力量毕竟有限，自己也做不了什么大事。实际上，无论是在政界当官，在商界斩获财富，还是在学术界出名，都是做出成就后的结果，而不是其原因。事实上，完成很多大事并不需要身居要职，也不需要太多资源，关键是要有一个目标，然后采取行动。

在人类文明史上，有很多人都凭一己之力影响过世界文明的进程。相比于那些所谓的王侯将相，他们的贡献无疑更大，但我们却对他们所知甚少。

说到文明，我们自然而然地就会想到人类最古老的文明之一——美索不达米亚文明，它距今至少已经有 6000 年的历史了。今天我们是如何了解这个古老文明的呢？你可能会说是通过它留下来的用楔形文字书写的泥板记录。但是，楔形文字已经有几千年无人使用了,在那些泥板被发现的时候,早已无人认识,它们又是如何被破解的?其实,这一切都要感谢英国军人、外交家和语言学家罗林森(Henry C. Rawlinson)。

罗林森破解楔形文字的故事要从1833年他前往波斯,随后发现贝希斯敦铭文说起。那一年,23岁的罗林森作为东印度公司的雇员被派往德黑兰,也就是今天伊朗的首都,不过当时的伊朗还叫波斯。从17岁起,罗林森就开始了他的军旅生涯,但他一直都没在军事上有什么建树,反而是对古代文明的文字充满了好奇心。这份兴趣让他后来成了历史上最重要的古文字学专家之一。罗林森在德黑兰的公职是一份很轻松的工作,这让他有足够多的闲暇时间在四周游历。

1835年,罗林森听说在波斯的贝希斯敦小镇附近发现了"雕画",很多人都去看热闹。出于好奇,他跋涉几百公里到了贝希斯敦。在那里,他看到在悬崖峭壁的100米高处,有一幅大约25米宽、15米高的巨型浮雕石刻,也就是人们所说的雕画。在石刻中,有国王和许多臣民的形象,但它表达的是什么主题、什么意思,却没人知晓。这幅石刻周围有密密麻麻的,由细长三角形(楔形)构成的铭文,但是没有人懂得它们的含义,大家对此也不感兴趣。

但罗林森和众多看客不同。对他来说,这些楔形符号具有巨大的诱惑力，因为只有读懂它们，才有可能了解石刻的含义，才有可能知道几千年前发生了什么事。罗林森想抄下这些文字回去研究，但苦于无法攀登百米高的悬崖。这时，一个善于攀爬的"调皮的库尔德男孩"扮演了英雄的角色。男孩在罗林森的重赏之下，攀岩而上，在石刻附近挂了一个类似于吊篮的装置，然后像荡秋千一样左右移动，帮罗林森拓下了那些铭文。

后来，这篇铭文以发现地的地点命名，被称为贝希斯敦铭文，其中包含三种不同的古文字：古波斯文、古埃兰文和古巴比伦文。你可能会联想到古埃及著名的罗塞塔石碑，那上面也是刻着三种古文字——两种古埃及文和古希腊文，商博良（Jean-François Champollion）就是靠古希腊文破解了古埃及文。但与罗塞塔石碑不同的是，贝希斯敦铭文中的三种古文字没有一种是大家认识的。也就是说，上面的三种文字都是"死文字"，不像罗塞塔石碑上的古希腊文是大家能读懂的。因此，破解贝希斯敦铭文比破解罗塞塔石碑上的古埃及文难得多，罗林森不能像商博良那样先了解全文的含义再去破解，而必须另想办法。他的破解过程很复杂，下面重点讲讲他是如何打开突破口，破译第一种楔形文字——古波斯文的。

所幸罗林森是一名语言学天才，并且有着深厚的历史知识。他只用两年时间，就完成了对这段铭文前两段古波斯文的破译。

原来这篇铭文讲的是古波斯王大流士一世平息各地政变和起义，取得王位的经过。对这项艰巨的任务来说，两年的时间实在是太快了。要知道罗塞塔石碑从被发现到商博良破译上面的古埃及文，中间经过了好几批语言学家的努力，花费了十多年的时间，而罗林森居然凭一己之力，这么快就取得了突破，可谓奇迹。

罗林森能创造奇迹，除了因为他有超凡的语言学天赋，运气也特别好，更重要的是因为他受益于当时欧洲在符号学上的成就，以及学者们探讨、研究"信息和知识抽象化"这个主题的学术氛围。在这样的氛围中，一些天才能够产生将信息和符号对应起来的直觉。

符号学的历史可以追溯到古希腊时代。不过，那时的符号学还只是知识分子们玩的游戏。到中世纪后期和文艺复兴时期，达·芬奇等人也玩这种游戏，很多人热衷于"密写术"，以便让自己的研究成果只有自己看得懂。当然，有热衷于密写的，就会有热衷于破译的。有人努力想出一些自己一看便知、其他人却完全不懂的具体符号，另一些人则会努力破解那些谜团。

渐渐地，大家开始思考那些符号及其所表达的含义在数学和哲学层面的意义。比如，17世纪末18世纪初的大数学家莱布尼茨，就考虑用一套符号系统把人类的知识表示出来。他设计的描述微积分的那些符号，比牛顿使用的符号好得多。

既然高深的微积分都能用符号讲清楚，那其他信息能否这样表述呢？虽然莱布尼茨在这方面并没有太多值得称颂的成果，但是欧洲的数学家、哲学家和逻辑学家们依然在这个问题上前赴后继地努力。他们研究的最终目的之一，就是寻找符号和真实世界之间的表意关系。

语言学有一个分支学科是比较语言学，虽然今天已经很少有人学了，但它在19世纪可是非常热门的。比较语言学领域的学者试图通过对比截然不同的语言，找出人类在使用符号和语音表达含义上的共性。商博良破译古埃及文和罗林森破译楔形文字，都受益于这种思潮。

当时大部分学者都相信，虽然世界上有不同的符号系统（比如不同时代、不同地区的语言），它们描述同一事物和概念的符号并不一样，但在这些符号系统之间必然存在着共性，而且这些共性是能够被找到的。一个典型的例子是，专有名词在语言的上下文中是不变的。比如我们说"凯撒"，它在一段文字中不会变来变去，但大部分动词的使用则会随上下文改变。比如我们说"做"这个动作，在上下文中可能会出现"做工""干活""劳动"等很多不同的说法。商博良和罗林森在破译古代语言时，都用到了这个原则。商博良首先破译的是"托勒密"这个名字,罗林森则是首先破译了"大流士"这个名字。

　　罗林森破译古波斯文的具体过程是这样的。首先,他在贝希斯敦铭文中找到了"大流士"这个名字。虽然贝希斯敦铭文中的古波斯文没有人认识,但个别字母和后来的波斯文还是有相似之处的,因此他猜出了其中数次出现的一个词是"大流士"。

　　接下来,因为罗林森很了解波斯历史,对大流士的身世以及官方文献对他的称谓非常清楚,所以在两相对照下,他破译了出现在"大流士"这个专有名词周围的一些文字。比如,铭文中有一段是这么说的:"大流士,伟大的王,众王之王,西斯塔斯皮斯之子。"在确认了第一个词是"大流士"之后,罗林森想到后面的词可能是对他称谓和身份的描述,于是又破译了好几个其他的词。

　　在破译古波斯文的过程中,罗林森还做了一个大胆的假设——古波斯文是表音文字。在这个假设的前提下,他从那些专有名词的读音中,找到了不少古波斯文对应字母的读音。加上从其他古波斯文文献中了解到的一些字母的读音,罗林森很快就破译了古波斯文版本的贝希斯敦铭文。前面说罗林森运气特别好,主要就是说他做的这个假设蒙对了。如果古波斯文不是表音文字,那他肯定要走好多弯路。

不过，罗林森做这样的假设是有道理的——它符合同理心。你不妨想一下这样一个问题：假如你不认识汉字，但是能说汉语，现在要你设计一套符号系统来记录一段汉语的内容，你会怎么做？你大概率只能用一些符号去记录这段话的读音。就像一些人在刚学英语时，不知道一个单词怎么读，就在下面写上与它读音相近的汉字来记录，比如在"good"下写上"古德"。同样，罗林森也想到，既然我们可能这样记录信息，古人或许也是如此。

就这样，罗林森完成了贝希斯敦铭文上古波斯文的破译工作。接下来，他又花十几年的时间，破解了其中的古埃兰文和古巴比伦文。这个过程非常艰辛，除了在书房做研究，罗林森还在这期间多次参加美索不达米亚地区的考古工作，以便拥有足够多的知识背景去破译这两种文字。此外，罗林森虽然不在学术机构任职，但他一直和学术界保持着密切的联系，和考古学家、历史学家、语言学家们保持着密切的交流。没有这些交流，他也难以完成破译楔形文字的艰巨任务。但是，罗林森并不像很多著名学者那样有一个自己的研究中心，有一大群助手，甚至是有一个研究团队。他完全是凭着自己的兴趣，几十年如一日地破解古代文字。

罗林森一生写了大量学术专著，包括《巴比伦及亚述楔形文字铭刻注解》(*A Commentary on the Cuneiform Inscriptions of Babylon and Assyria*)、《亚述史纲》(*Outline of the History of Assyria*)这些亚述学[1]的开山著作,他也因此被誉为"亚述学之父"。今天,通过这些楔形文字的记录,我们对6000年前美索不达米亚文明的了解,甚至比对600年前玛雅文明的了解多得多。这一切,都要感谢罗林森。正是他凭借一己之力,揭开了古老的美索不达米亚文明的神秘面纱,帮我们了解了人类是如何走到今天的。

---

1 亚述学是研究整个美索不达米亚文明历史的学科,其研究范围并不限于当地的亚述文明。

## 李希霍芬：
## 让西方人真正认识中国

在人类文明史上，有很多让我们感动的人物。在推出接下来要介绍的主角之前，先来看四个问题：

1. "丝绸之路"这个说法是谁提出的？
2. 烧瓷器用的"高岭土"，这个名字是谁起的？
3. 青岛这个城市是谁选址修建的？
4. 近代西方人是通过谁全面客观地了解中国的？

我估计，很多人的答案会是张骞、马可·波罗，以及其他中国古人或者近代西方的历史学家。但实际上，这四个问题的答案都指向同一个人，那就是19世纪德国旅行家、地理和地质学家费迪南德·冯·李希霍芬（Ferdinand von Richthofen）。也就是说，"丝绸之路""高岭土""青岛"这些名字都是在近代才诞生的，只有100多年的历史。

讲到这里，有人可能会质疑说，不对啊，丝绸之路在西汉张骞出使西域后就逐渐建立起来了，已经有2000多年的历史了，中国人用景德镇高岭的土来烧制陶瓷也已经有上千年的历史了，怎么会到近代才有相应的名称呢？丝绸之路的历史的确很悠久，甚至在张骞出使西域之前，四川的竹制品就已经通过古代商路销往中亚地区了。而中国人使用和高岭土成分相同的瓷土的历史，可以追溯到周朝。但如果查一下中国古代的书籍就会发现，还真没有"丝绸之路"和"高岭土"这两个词。至于"青岛"，史书中记载的青岛只是东海上一个不起眼的小岛，和今天的青岛市没关系。

说到近代西方人通过谁全面客观地了解中国，有些人可能会想到马可·波罗。但如果对《马可·波罗游记》有所了解，你就会知道，这本书中有许多虚构和夸张的成分。虽然有许多传教士和商人到过中国，但他们带回欧洲的都是支离破碎的信息，有些还带着很强的主观色彩，甚至是偏见，误导性非常强。真正让西方人全面客观地了解中国的，是李希霍芬。

那么，李希霍芬究竟是何许人也？他为什么能完成这么多名垂青史的工作，具体是怎么做到的？关于这些，都得从李希霍芬的经历说起。

现在留下的有关李希霍芬早期经历的资料并不多，他的家族也没有什么显赫的历史可言，他本人只能算是一个普通的德国人。1833年，也就是罗林森到达德黑兰的那一年，李希霍芬出生在普鲁士的上西里西亚地区。如今，这个地方已经不属于德国了，而是在波兰境内。

1856年，23岁的李希霍芬从当时欧洲的顶尖大学柏林洪堡大学毕业，并获得博士学位。此后他就在欧洲中部地区，也就是当时奥匈帝国的属地进行地质学研究。1860—1862年，李希霍芬参加了普鲁士的东亚考察队，考察了东南亚地区，包括中国的台湾。1863年，他又马不停蹄地来到北美大陆当时的蛮荒之地加利福尼亚州，在那里一待就是5年。通过详尽的地质考察，他发现了那里的黄金矿床，其研究间接导致了加州后来的淘金热。

1868年，他在旧金山商会的资助下，只身来到中国，花了4年时间遍访中国的山山水水。中国当时有18个行省，李希霍芬到过13个。在这期间，他以上海和北京为大本营，做了7次长途旅行，下面介绍一下其中的5次。

1869年上半年，李希霍芬从上海出发，北上考察山东。他发现胶州湾这个地方的自然条件很好，在战略上也非常重要，但是经济非常落后。之后，他对当地的地理、经济和矿藏进行了详细的研究。20多年后，德国人根据他的著作，选定了当时还只是一个小渔村和小海港的地方作为租借地,与清政府签订了中德《胶澳租借条约》,租借胶澳及其周边地区99年。在"胶澳"一词中,"胶"是胶州的意思,"澳"是港口的意思。

后来,德国人在那个地方建立了一个城市,并将其命名为青岛(Tsingtau)。其实在此之前,胶州湾外还真有一个小岛叫青岛,但自从德国人将这个名称给了这座新建的城市,大多数人就只知道青岛是一个城市了。

1869年下半年,李希霍芬考察了江西、安徽一带。在这期间,他到过景德镇,了解了当地的瓷器制造业,在景德镇的高岭山看到了矿工开采瓷土的景象。于是在后来的著作中,他就以"高岭土"来命名瓷土这种矿物,这个名称之后又被全世界采用。不过,这其实是一种很少见的情况,因为全世界的矿石通常都是以成分命名的,铜矿就是铜矿,铁矿就是铁矿,但瓷土矿却以中国的一个地名来命名。从此,瓷土就永远和中国联系在一起了。今天,美国探明的瓷土储量其实比中国更多,但人们依然要用中国的地名来称呼这种矿物。

1869年到1870年年初,李希霍芬重点考察了山西和陕西,并在那里发现了丰富的煤炭矿藏。按照当时全世界的煤炭消耗量,山西的煤炭储量够全世界用几千年。

1870年,李希霍芬考察了洛阳,首次提出了"丝绸之路"

的说法。李希霍芬对丝绸之路非常感兴趣,一直希望亲自走一遍。他计划在中国最后的行程中,从西安出发,西行穿过中国西部和中亚回到欧洲。

1871年,李希霍芬开始了他在中国最后一次,也是路线最长的一次考察。他从北京到山西,再到陕西西安,原本打算从西安一路向西考察,但当时的陕西和甘肃发生了战事,甚至蔓延到了新疆伊犁,于是他不得不放弃原定的计划,转而南下,穿过秦岭,前往四川考察。在成都,他考察了都江堰,在自己的著作中把都江堰介绍给了全世界,让西方人了解到中国古代的水利工程建设。在之后的考查中,他又遇到强盗,被迫放弃了继续南下前往云南和缅甸的计划,转而向东穿过三峡回到上海,再从上海回到了德国。

虽然李希霍芬没能实现亲自走一遍丝绸之路的计划,但因为他对河西走廊和丝绸之路一带考察的贡献,西方人用他的名字命名了河西走廊南部的一部分山脉,也就是我们所熟知的祁连山——欧洲人把它叫作"李希霍芬山"。

回到德国的第二年,也就是1873年,李希霍芬担任了柏林地质学会的主席。从1875年起,李希霍芬又在波恩大学任教。不过在大学工作期间,他把大部分时间花在了整理从中国带回来的资料和撰写关于在中国考察的专著上。从1877年起,他陆续出版了他的代表作《中国：我的旅行与研究》。这套鸿篇巨著包括地图集在内，有整整七卷。这一套严谨的学术专著，让西方人对中国有了全面客观的认识。包括"丝绸之路"在内的很多和中国相关的词，也是因为这套书而被西方人所知的。

李希霍芬被认为是近代地理学的先驱。他治学严谨，通过自己15年的旅行考察，收集整理了世界各地的地质纪录与观察结果。在他的著作中，各种记录和文献都非常详尽。因此，他的著作被学者们视为非常重要的参考书，倍受推崇。其中，他对中国地质结构和地理的考察及研究成果，特别是对中国煤矿的探测，以及对黄土高原地质和地貌的研究，在很长时间里一直是这个领域最权威、全面和准确的成果。

李希霍芬做的这些事，随便拿一件出来，都可以让他名垂青史，可他却以一己之力完成了如此之多的壮举。我们今天的人很难想象，在没有飞机，没有火车，没有铺设好的公路，甚至没有电和现代化通信工具的一个半世纪之前，李希霍芬一个人是怎么做到这些事的。虽然他雇了一些挑夫和骡马帮他运送东西，但是所有艰险的路途仍然需要他自己一步一步地走过去。即使在今天，要翻越秦岭从西安走到成都，也是一件极为困难的事情。

李希霍芬做这些事情，对他个人而言也称不上有利可图。

哥伦布、达伽马等探险家跨越远洋航海探险，是为了获得巨大的经济收益，而李希霍芬完成这些考察，更多的是出于一名学者对世界的好奇。

看完李希霍芬的故事，我们不得不承认，**一个人如果拥有一个明确的目标，并且身体力行地去做**，一辈子其实有可能做很多事情。

很多人觉得，自己之所以把事情做得不够好，是因为没有资源。也有很多人融了上亿元资金，都未必能做成一件像样的事情，却梦想着如果有马云那么多钱，就能做更多事了。实际上，一个人如果有适合自己的目标，并且真心愿意做那件事情，可以一直坚持做下去，结果会比完全依赖外界资源驱动自己做事好得多。

李希霍芬的大部分旅行都发生在他23岁到38岁的15年之间，其间他很少有机会回到德国的家。这段时间应该说是人生最美好、最年富力强的时间，而李希霍芬用它做了最有意义的事情。

如果你是一个大学生，或者你的孩子正在读大学，那你可以更深入地了解一下李希霍芬的故事。人未必需要在刚毕业时就把目标定在尽快有房有车上，相反，应该考虑去做一些对自己和世界都更有意义的事情，否则人生的格局就太小了。反正只要你真的有本事、有成就，那房和车将来总是会有的。举个例子，我 33 岁才有了自己的第一辆车，而那时周围的人早在几年前就有车了。我 37 岁才有了自己的房子，而周围很多人买房也比我早。但是，我后来所拥有的东西，是那些一开始就把心思放在车和房上的人一辈子都不可能有的。

在任何年代、任何地方，都有很多别人没有注意到的地方，可以让人成就一番伟业。李希霍芬在 38 岁之前做的事情，当时没多少人觉得有什么了不起的，但那些事情是前人没有做的，因而成就了他的历史地位。虽然李希霍芬在 38 岁之后才开始著书立说，逐渐在学术界赢得一番地位，但这靠的都是他在前 15 年打下的基础。因此，如果你想在 38 岁之前躺平，不妨对比一下那个年纪的李希霍芬吧。

## 本-耶胡达：
## 复活古希伯来语

如果没有罗林森和李希霍芬，他们所做的事情可能最终还是会有人来完成，历史的进程不会改变，只是时间上会晚一些。但这一节要介绍的这个人更了不起，因为如果没有他，可能历史的进程就会改变。这个人就是本-耶胡达（Eliezer Ben-Yehuda）。在近代犹太人的历史上，有两位最值得铭记的人物，一位是以色列国父本-古里安（David Ben-Gurion），另一位就是本-耶胡达。

本-古里安是以色列的开国总理，执政15年，奠定了以色列这个国家，甚至整个犹太民族在世界上的地位。今天，以色列第二大城市特拉维夫的国际机场就叫本-古里安机场。那么，本-耶胡达又是谁呢？他何以能与以色列国父相提并论呢？实际上，本-耶胡达在历史上的影响力可能比本-古里安更大，因为他改变了几乎每一个犹太人的生活——他复活了古希伯来语，让这种语言成了全世界犹太人的通用语言。如果没有本-

耶胡达，今天以色列犹太人讲的可能是意第绪语[1]或者英语。

看到这里，很多人可能会问，希伯来语古已有之，何需复兴呢？简单地讲，到了近代，这种语言已经成了一种死语言，几乎没有人使用了。希伯来语原本是一门非常古老的语言，有2500多年的历史。但在2000多年前，当犹太人被迫离开故土，流浪到世界各地时，这种语言也逐渐从人们的生活中消失了。毕竟犹太人已经到了新地方，需要说当地的语言才能与人交流和生活。

到了19世纪末，只有在《圣经》研究和庄严的宗教仪式中，希伯来语才会被用到。犹太人仍然把希伯来语看作神圣的语言，但即使是他们也不会在日常生活中使用这种语言，大多数人甚至根本不知道该怎么使用。这种情况有点像几千年前古埃及象形文字中的圣书体，除了僧侣，没有人认识。自然，圣书体后来真的就失传了。

从语言学的角度来讲，古希伯来语还有一个先天的不足——它只有辅音字母，没有元音字母。这是它不方便使用，以至于在民族混居的地区，难以和其他语言竞争的一个重要原

---

[1] 意第绪语是德国犹太人使用的一种主要语言。

因。你可以想象一下，如果汉语拼音中只有b、p、m、f、d、t、n、l等辅音，却没有a、o、e等元音，那大家表达意思就很难了，稍微有一点口音可能就听不懂彼此说的话了。因此，用古希伯来语书写并表达意思是可以的，但用它进行日常交流却很不方便，语言学家都认为这是一种已经"死去"的语言。

2000多年来，犹太人在欧洲被歧视和欺压的历史就不多讲了，你对此想必并不陌生。到了19世纪，随着欧洲民族国家意识的兴起，一些有识之士开始号召失去了自己土地的犹太人重返巴勒斯坦，建立自己的家园。一开始，他们的倡议并没有得到热烈的响应，一方面是因为很多客居他乡的犹太人已经习惯了当地的生活，不愿意迁徙了；另一方面则是因为语言障碍，毕竟无论是生活在哪儿，犹太人都已经把当地的语言作为母语了。你可以想象一下，如果住在一个单元楼的邻居，两家说中文，两家说英语，两家说日语，两家说阿拉伯语，还有两家说德语，这些人该怎么一起生活呢？

让客居他乡的犹太人愿意重返巴勒斯坦，这可能是政治家们需要考虑的问题。但语言障碍的问题，即使是在为犹太人建国而奔走的人也很少考虑到。

1881年，一位俄国犹太人移居到巴勒斯坦的犹太人聚居区。起初，当地人并没有觉得这个年轻人和迁徙过来的其他人有什么不同，因为他每天都和大家一样种田、劳动。但很快他们便发现，这个年轻人千里迢迢来到巴勒斯坦，是为了实现一个伟大的梦想——复兴古希伯来语。这个年轻人就是本－耶胡达。

本－耶胡达出生在一个犹太裔的学者家庭。母亲希望他成为犹太教的神职人员，于是把他送到了一种被称为耶希瓦（Yeshiva）的学校。耶希瓦也叫犹太经学院，主要教授犹太的古典经文，包括《摩西五经》《密什那》《塔木德》等，因此本－耶胡达精通古希伯来语。而且，本－耶胡达还是一位语言天才，他不仅会讲俄语和古希伯来语，还精通法语、德语和意第绪语。

本－耶胡达在学校接触到一些犹太复国主义的思想，他从并不成功的犹太早期复国运动中得出了一个结论：希伯来语的复兴可以使全世界所有犹太人团结起来。在法国读完大学后，他来到了巴勒斯坦。

作为一名精通语言学的学者，本－耶胡达深知没有元音字母的古希伯来语很难成为人们日常说话所用的语言，因此他需要改造这种语言，让它变得容易使用。这种改造要尽可能地符合当时各地犹太人已有的习惯，同时也要植入犹太文化本身的基因。

在本－耶胡达改造古希伯来语前，生活在中欧德意志地区和东欧波兰等地区的很多犹太人使用意第绪语。简单地说，意第绪语就是德语和古希伯来语混合的产物，或者说是犹太化的德语。意第绪语的好处是它有元音字母，而这对语言非常重要，因为它能让语言变得容易发音，容易读准，容易被听清楚。今天的希伯来语和古希伯来语的一个重要差别，就是其中几个字母发挥了跟以前不一样的作用，比如图 5-1 中的四个字母。

הויא

图 5-1　希伯来语字母 alef、yod、waw（vav）、he

这四个字母分别是 alef、yod、waw（vav）和 he，相当于拉丁字母中的 a、y、w（或者 v）和 e。原本这四个字母在古希伯来语中也是辅音，但考虑到它们对应的拉丁字母在希腊语、拉丁语、英语、德语等语言中都有元音的功能，于是在改造古希伯来语时，本－耶胡达就让它们也可以作为元音字母来使用。

古希伯来语还有一个缺陷，就是语法不清晰，这是所有古代语言共同的问题。在改造时，本－耶胡达为新的希伯来语加入了类似于阿拉伯语的语法。之所以选择阿拉伯语的语法，是因为犹太人和阿拉伯人有共同的祖先——闪米特人。因此，与其说本-耶胡达是在让古希伯来语复活，不如说他是在古希伯来语的基础上设计出了一种更适合犹太人交流的新语言。

本-耶胡达的理想虽然伟大，但并没有人帮助他，他仍然需要种地养活自己和家人，同时孜孜不倦地钻研古人留下的各种希伯来文典籍。稍有空闲的时候，他会走访犹太人的家庭，和他们交谈，收集古希伯来语的单词。当然，那些单词在近代日常生活中远远不够用，于是他便创造了一些新单词。

经过20多年的努力，在1904年，本-耶胡达编纂出了第一本现代希伯来语词典。但是，这本词典里的词依然不够用。6年后，他又开始编纂一本词汇量更丰富的词典，这是一项非常艰巨的工程。

在编纂词典的同时，本-耶胡达一直在从事推广希伯来语的工作。他从自己做起，同时让妻子也只用希伯来语跟自己的孩子们说话，他的儿子本-锡安（Ben-Zion）因此成了世界上第一位以现代希伯来语为母语的人，这也证明在日常生活中只使用希伯来语是可行的。同时，他还为建立希伯来语学校四处奔波。

一开始，犹太社区的人对本-耶胡达的工作并不热衷，因为他们觉得神圣的希伯来语只能在宗教场合被使用，平时的交流使用当地的语言就好了。就连犹太复国主义的创始人西奥多·赫茨尔（Theodor Herzl）都在其著作《犹太国》中说，犹太国家需要一种共同语言，但绝对不是希伯来语，因为就算会说希伯来语，也没法用它买到一张火车票——希伯来语中原本并不存在"火车"这个词。

尽管如此，本-耶胡达还是一直坚持着自己的理想。渐渐地，有越来越多的犹太人开始支持他的事业。到1922年本-耶胡达去世时，他的大词典只完成了1/4。随后，他的妻子和家人继续着这项不朽的事业。直到1959年，这部17卷本的巨著《古代、现代希伯来语大词典》才得以完成，它包括了现在犹太人使用的几乎所有希伯来语单词。

在本-耶胡达生前的那些日子，他每天废寝忘食地工作，房间总是彻夜灯火通明。在阅读祖先留传下的那种古老而凝练的文字时，他常常激动得热泪盈眶。正是对民族和文化深厚的感情，支撑着他以一己之力，在半个多世纪的时间里一直为复活希伯来语而努力。

第一次世界大战后，德国的犹太慈善机构在耶路撒冷的海法市建立了一所技术学校，即今天的以色列理工大学。在决定用什么语言教学时，德国的出资人希望使用德语，但所有师生和当地的家长都纷纷要求使用希伯来语，否则他们就拒绝上课。

最终，学院选择了希伯来语作为唯一的教学语言。1925年落成的希伯来大学同样全面采用希伯来语作为教学语言。就这样，到20世纪20年代，第一批通过希伯来语接受教育的大学生走出了学校，第一代讲希伯来语的家庭也出现了。

希伯来语的复活，在人类文明史上是一个奇迹，而本-耶胡达就是这个奇迹的创造者。我们了解一个民族，往往会从这个民族的某些个人入手，比如可以通过摩西、大卫王和先知耶利米等人物来了解犹太民族。现在我们可以说，本-耶胡达也成了这样一位向导性的人物。他引导我们更多地了解了犹太民族灵魂深处的伟大精神，而这种精神已经超越了语言本身。

## 张纯如：
## 诉说南京大屠杀的真相

本节要介绍的这个人同样是以一己之力改变了世界，她是一位在美国的华裔女性，名叫张纯如。

2019年11月9日，硅谷地区为张纯如纪念公园（Iris Chang Park）举行了开幕仪式，这对美国华裔来讲是一件大事。张纯如纪念公园坐落在硅谷中心地带，周围有很多知名的高科技公司。而这座公园之所以用张纯如的名字命名，一方面是由于当地华裔州议员朱感生先生及一大批热心社区华裔公民的努力，另一方面则是因为张纯如为世界做出的贡献。至于她的贡献，具体来讲，就是她写了一本改变很多西方人认知的著作——《南京大屠杀》。

张纯如属于美国第二代华裔，出身于书香门第，父母在20世纪60年代移居美国。张纯如在伊利诺伊州的厄巴纳－香槟（Urbana-Champaign）长大，那里是著名的伊利诺伊大学的所在地，后来张纯如也就读于这所学校。

张纯如祖籍江苏淮安,今天那里还有她的纪念馆。张纯如的外祖父张铁君曾在南京国民政府任职,外祖父和外祖母都是南京大屠杀的幸存者。从外祖父母那里得知这段历史后,张纯如非常震惊,因为美国没有多少人知道这件事,学校的历史课上也没有讲过。于是,她跑到公共图书馆查找相关资料,想了解更多的史实,但她找了很久都没有找到这方面的书。张纯如想,这么大的一件事,怎么能既没有什么人知道,又没有图书讲述呢?这也是她后来写作《南京大屠杀》的动机之一。

进入伊利诺伊大学之后,张纯如从计算机科学专业转到了新闻学专业。在大学期间,她就开始为《纽约时报》写专栏文章,曾经在一年的时间里写了六篇头版文章。大学毕业后,她在美联社和《芝加哥论坛报》工作了一段时间,之后进入约翰·霍普金斯大学读研究生,拿到了硕士学位。然后,她就开始了自己的作家生涯。除了写书,她的主要工作是给杂志写文章,同时为自己一生最重要的那部作品收集材料。

1997年,29岁的张纯如出版了《南京大屠杀》。这本书一上市就在西方世界引起了轰动,成了当年最畅销的图书之一。张纯如通过自己的笔,让西方了解到了第二次世界大战中发生在南京的那场惨绝人寰却又鲜为世人所知的大屠杀。

张纯如在书中写道:"我们不仅要记住南京大屠杀的死亡人

数,更要记住许多罹难者被杀害的残忍手段。"书中有很多对日军暴行的描写,因为实在太过血腥,这里就不引述了,但正如张纯如所说:"此种残暴景象实在触目惊心,甚至连当时住在南京的纳粹党人都惊骇不已,其中一位曾公开将南京大屠杀称为'野兽机器'的暴行。"

张纯如的主要资料来源是两位西方见证者的日记和记录。其中一位是德国商人约翰·拉贝(John H. D. Rabe),当时他是德国西门子公司的驻华总代表。拉贝在南京被占领期间努力制止日军的暴行,保护和帮助了大量中国平民。在他的努力下,南京安全区得以建立,而这使得大约 20 万中国人免遭屠杀。拉贝在日记中记录了自己当时在南京的所见所闻。在他去世 40 多年后,这些日记被整理出版,就是著名的《拉贝日记》,后来还被改编成了电影。

另一位见证者是美国传教士明妮·魏特琳(Wilhelmina "Minnie" Vautrin)。魏特琳女士在中国传教 28 年,曾担任金陵女子大学代理校长。1937 年日军攻占南京时,她在金陵女子文理学院工作,自愿留守校园,担任代理院长。当时,她向日本当局提出抗议,让难民得以在校园避难,以此保护了上万名妇孺难民。在 1937 年 8 月 12 日到 1940 年 4 月 14 日的日记中,她详细记录了日军占领下的南京的情形。在那几年里,她天天和"魔鬼"打交道,精神压力极大,于 1940 年精神失常。随后她回到美国,接受精神康复治疗,但还是在第二年自杀了。去世之前,她在日记中写道:"如果我有十次生命,我会把它们都给中国。"(Had I ten perfect lives, I would give them all to China.) 魏特琳的日记后来也成了记述南京大屠杀的宝贵史料。

你可能会好奇,这些重要的一手史料,张纯如是怎么拿到的?她是以极大的真诚说服了当事人的遗孀和后裔,获得了这些史料。然后基于这些史料,张纯如写出了《南京大屠杀》一书,震惊了西方世界。

在这本书出版时,虽然第二次世界大战已经结束多年,但西方人对于日军在中国做出的暴行其实了解甚少。可以说,这本书改变了西方人对中国抗日战争的看法。同时,这本书也因为揭露了日军暴行的细节而倍受赞誉,美国的新闻界、文化界和学术界都给予了张纯如极高的评价。

比如,《华尔街日报》评价说,这本书"首次全面揭露了(日军)对中国首都[1]的毁灭,张纯如从被人遗忘的事件中挖掘出了曾经发生的可怕真相"。《大西洋月刊》将这本书描述为

---

[1] 1927—1949 年,南京曾是国民政府的首都。

"对日军暴行碾压式的起诉"。《费城问询者报》写道,"这件令人发指的可怕事件长期以来被人遗忘,直到最近(这本书的出版)"。哈佛大学历史系教授柯伟林(William C. Kirby)说,张纯如"比以往任何时候都更清楚地揭露了(日本人的)所作所为"。耶鲁大学历史系教授白彬菊(Beatrice S. Bartlett)说,"张纯如对南京大屠杀的研究为人们了解第二次世界大战的残酷性提供了新的内容,这反映在她透彻的研究中"。

1998年,美国主流电视台C-SPAN对张纯如进行了采访,邀请她到电视上讲述南京大屠杀的经过。2007年,美国在线(AOL)的高管泰德·莱昂西斯(Ted Leonsis)出资将这本书改编成了纪录片《南京》。

然而,在造成巨大影响力的同时,这本书也给张纯如带来了巨大的压力。日本右翼团体及相关写手一直在诋毁这本书,并且不断骚扰张纯如。据纽约大学电影系主任崔明慧(Christine Choy)说,在这本书出版之后,张纯如不断收到疑似日本右翼人士的恐吓信和电话。张纯如一直生活在恐惧之中,不得不不断变更电话号码,平时不敢打电话,只用电子邮件与他人联络,甚至不敢在家里接受采访,更不敢向朋友透露丈夫和孩子的信息。

虽然承受了如此沉重的压力,但张纯如仍然一直致力于要求日本政府为其军队在战时的行为道歉并支付赔偿,她多次在媒体公开表达自己的正当诉求。然而,在巨大的精神压力和工作压力下,张纯如最终患上了抑郁症。她生前留下了这样一段文字:

> 我无法摆脱这样的想法,就是我将被某些我无法想象的强大力量追捕和迫害,也许是CIA,或者别的什么,我不知道。我觉得只要我活着,这些力量就会永远骚扰我。

2004年11月9日,张纯如自杀身亡,年仅36岁。

张纯如自杀的消息传出后,我才知道原来她就住在我当时生活的小镇。她的亲友和当地的华人团体为她举行了追思会,谷歌的华裔工程师一同参加了她的追思会,缅怀逝者,也感激她为世界、为中国做出的贡献。

在张纯如去世15周年的那天,以她名字命名的公园终于开幕了。公园中央有一块无名的石碑(见图5-2),上面镌刻着三个词:"Power of One"(一个人的力量)。

图 5-2　张纯如纪念公园的无名石碑

\*

张纯如，一名文弱女子，以一个人的力量，写了一本震惊世界的书[1]，把日军的暴行揭露在全世界面前。作为中国人，我想我们都应该对她说一声谢谢。只是，人类的苦难依然如此沉重，她未能以自己的力量挣脱精神的压力，过早地离开了这个世界。

---

1　事实上，除了《南京大屠杀》，张纯如还有两本著作，一本是介绍钱学森的《蚕丝：钱学森传》，另一本是介绍早期华裔在美国的奋斗史及华裔对美国社会的贡献的《华人在美国》。

在张纯如纪念公园，留着她写下的一句话：Words are the only way to preserve the essence of the soul（**语言是唯一能够保存灵魂本质的方式**）。这句话也一直鼓励我凭着良心写作。

讲完罗林森、李希霍芬、本－耶胡达和张纯如四个人的生平故事，我还想做一点补充。我经常说人类实在是太年轻、太不懂事了，我们一直在关注那些握有权力、拥有金钱，或者善于炒作和哗众取宠的人，却很少注意那些默默为人类文明进程做出巨大贡献的人。这四个人都属于此类。他们并不为很多人所知，也没有太多的资源，却以一己之力影响了整个世界。他们的经历告诉我们，不管在什么时代、什么地方，只要一个人真想做点有意义的事，那就能凭一己之力做很多事。**今天的人缺的不是资源，而是做不到像他们那样，心中装着一个宏大的理想，然后每天踏踏实实地做事情。**

## 我们家的阿明哥：
## 小人物成就大梦想

可能会有一些年轻人认为，罗林森这样的人是非常罕见的，自己可能一辈子也做不到他们那样。但是，做不做得到是一回事，与什么样的人对标则是另一回事。与罗林森和本-耶胡达对标，即便不能成为那样的人，也会成为对文明有贡献的人。一个人的贡献不在于大小，而在于他对文明是否产生了正面影响。有些人虽然能力强、影响力大，产生的却是负面影响，比如希特勒等发动了第二次世界大战的战犯们。

有人总觉得自己能力有限，梦想着有一天能爬到高位，调动很多资源，想成名成家，或者当大官赚大钱，于是与一些枭雄对标，结果就是学了一堆坏毛病，事情也做不成。当然，更多的人可能会觉得自己能力有限，这辈子窝窝囊囊地生活也就认了。其实我们大可不必这么悲观。只要认定一个目标，坚持做下去，即使是一些小人物，通常也能取得不错的结果。

对于那些自认为是小人物、没有机会的人，或许我们家阿明哥的故事会对你有启发。

"阿明哥"是西班牙语"朋友"(amigo)的意思。我们家园丁是个墨西哥人，而墨西哥人说西班牙语，他们见了面就称呼彼此为 amigo，于是我们也这样称呼他。当我们自己家人说起阿明哥时，通常就是指的他。

我认识阿明哥已经快 20 年了。当时我刚买了房子，有一天阿明哥跑过来，问我草坪要不要割草。在美国，各家的前院需要自己打扫干净，否则邻居会把你告到市里去。然后，市里管理环境的人会找人帮你把前院打扫干净，再给你送一个大账单。因此，各家各户要么自己割草收拾院子，要么请人来收拾，而从事这种工作的通常都是墨西哥人。

墨西哥人有很多优点，比如他们通常都很吃苦耐劳，而且收费相对低廉。但他们也有很多缺点，最典型的就是缺乏契约精神，做事马虎。我和我的朋友们以前跟墨西哥人打过交道，经常会遇到各种尴尬局面。比如，说好了上午 9 点来干活，结果到 12 点都没有来，这还算好的。有时干脆就不来了，你打电话去问，他们会说自己又接到了一单更大的活儿，你的活儿不做了。有些时候，他们做事情会留下很多"尾巴"，最后收拾起来既花钱，又花时间。更让人匪夷所思的是，很多能赚钱的机会，他们也不要。比如，你对他们说如果准时来做工，就给他们加 20 块钱，但他们照样我行我素，该迟到还是迟到。

因为对墨西哥人做事的态度有顾虑，我不敢直接把打扫院子的工作交给这位素昧平生的阿明哥，而是向他询问了一些基本情况。我了解到他也在为我的邻居割草，反正每周都要来，希望能多挣一份钱。我听说邻居雇用了他，就付钱让他试着做一次，同时向邻居了解了一下他的表现。邻居说他还挺勤快，干活质量也说得过去，于是我就正式聘用了他，每月支付他劳务费。阿明哥每周来一次，把院子打扫得干干净净的。

几周后，我想把家里一块几十平方米的荒地改造成小花园，就问阿明哥能不能做这件事。他拍着胸脯就答应了，虽然我有点将信将疑，但考虑到项目并不大，就想不妨让他试试。我问他什么时候可以开始工作，他说周末就有时间。

到了周末，我还没起床就听到外面吵吵闹闹的。从窗户往外一看，原来是阿明哥带了两个帮手把建筑材料运来了，正在卸车呢！由于他们干活动静很大，邻居不干了，把警察叫来了。警察告诉阿明哥周末不能一大早干活。我跟警察解释了一下，警察也没有为难他们，只是让他们9点之后再来。虽然把警察招来了让我觉得有些窘，但是这么勤快的阿明哥还真是不多见。

打那之后，阿明哥周末就开始带着人去接修建花园的工程了，这种活儿的利润可比给人割草高多了。一开始，阿明哥的帮手都是从家得宝[1]门口找来的一些打零工的墨西哥人，通常靠不住。有一天，阿明哥跟我说他要回墨西哥一趟。半个月后，他又回来了，这回他把自己的兄弟们——六七个墨西哥人——也带来了。从此以后，割草的活儿就交给他的一个兄弟干了，其他人则跟着他做工程。几年后，阿明哥居然在寸土寸金的硅谷地区买了房子。要知道，很多大公司的工程师都买不起这里的房子呢。

又过了几年，我搬家了。新房子由于长期没人住，院子已经荒芜了。我打算把它修成花园，就把这个活儿交给了阿明哥。我问阿明哥什么时候有时间，他说感恩节期间就可以。我说你们不休息吗，他说挣钱要紧。到了感恩节那天，阿明哥带着他的团队来了，这次一起来的还有他的太太和孩子。阿明哥说，他在美国混得不错，所以把全家都接来了。

阿明哥花了大约一周的时间，给我家铺了草坪，种上了各种植物，清理掉杂乱的灌木，又修建好整个灌溉系统。这个花园虽然不算漂亮，但是比当初荒芜的院子看起来舒服多了。当然，要让院子真正变成漂亮的花园，还有很多精细活儿要做，

---

[1] 美国一家家居建材用品零售商，分店遍及美国、加拿大、墨西哥和中国。

我还真不放心让他这个半路出家的人来干。于是我对他说,这个花园还远没到让我满意的程度,但我现在的预算用完了,你明年开春之前再来给我修吧。到了第二年开春前,他火急火燎地找我要活儿干。见我对他不放心,他就拿出他这段时间修的花园让我看。让我吃惊的是,他的项目居然做得都不错。我原本打算找个专业的公司来做的,但看他确实有能力做,就还是把这个项目给了他。

这之后,阿明哥依然给我收拾院子,我偶尔还会交给他一些小项目做。每过一段时间,他的经济状况就又有所好转。有一次他告诉我,他又买了一所房子,买完就租了出去。又过了一阵子,他开上了凯迪拉克的高档越野车。到了 2021 年,他告诉我,他的孩子要上大学了,这是他们家第一代大学生。在美国,这样的学生通常被称为梦想生,占大学生人数的 1/6 左右。阿明哥还告诉我,他把业务拆成了两家公司,他太太管理一家,承接给人家割草、收拾院子的日常工作;他管理另一家,承接修建花园的项目,两家公司已经有十几位长期雇员了。我按照这两家公司的利润对它们做了一个估值,再加上他两套房子的价值,发现他的身家早已超过千万美元了。在美国,身家达到这个水平的家庭不到总数的百分之一。

今天,你经常会看到这样的新闻:在硅谷地区,年轻的工程师买不起房子，于是不得不离开硅谷；很多大公司，包括特斯拉、惠普和甲骨文，都因为硅谷的成本太高而把总部搬到了得克萨斯。但是，没上过大学的阿明哥，两手空空地从墨西哥来到美国，从最底层的工作做起，上升到财富前 1% 的阶层，并且让孩子进入大学，仅仅花了 20 年的时间。

今天，美国乃至整个西方世界，无数经济学家和政治家宣称，因为得不到平等的机会，穷人永远无法实现阶层的跃迁。由此，他们得出西方世界阶层已经固化的结论。无数接受了这种观点的人选择了躺平，因此他们确实无法富裕起来，也无法实现阶层跃迁。这似乎证明了那些经济学家和政治家的说法是正确的。但事实是，机会永远存在，世界上永远存在很多需要做却没有人做的事情。那些事情很重要，但看上去没有那么高大上，因而很多精英不屑于做，而躺平的人更不会做。这就给了阿明哥这样的人机会。这 20 年来，阿明哥并没有什么好运气或者好机会，他只是有一个很朴素的目标——让家人过得好，让孩子上大学，然后他就行动起来了，并且一下坚持了 20 年。

从对文明的贡献来讲，阿明哥显然没有罗林森等人那么大，但也绝对是正向的。当你走过硅谷的街道，看到一个个整齐漂亮的庭院时，其中就有阿明哥的贡献。

# 第六章
# 保全自我是一切的基础

▼

**Chapter Six**
**Self-preservation is the Basic Law Behind Everything**

会下围棋的人都知道"未谋胜先虑败"的道理。在人的成长过程中，难免会受到别人的攻击。保全自己比其他任何努力、争取任何机会都重要，自身的安全是 1，其他所有事情都是 1 后面的 0。没有了前面的 1，有再多 0 也没有意义。

保全自己，应当从免受他人攻击，避免被他人欺凌开始。当然，最好是从一开始就把自己隐藏好，不要成为别人攻击的目标。

## 维护自己的利益，就是维护正义

2020年，一位公众号作者写了一篇评论某大学的文章，结果被这所大学投诉了。之后，这位作者把大学的投诉通知贴到了网上，还写了一篇长文嘲讽这一行为，把那所大学损到了家。长文的阅读量和点赞量都非常高，引起了公众的围观和对那所大学的嘲笑。

那么，那篇文章是否侵犯了该大学的名誉？我看了一下，作者虽然写了点负面的话，但还不算违背事实。此前这位作者批评那些明星企业的时候，火力可比这猛得多，而那些企业显然都没有找过他麻烦。这所大学的做法看似是在维护自己的名誉，其实是进一步让自己名誉扫地了。

套用郭德纲的话讲，这种事要是放到哈佛大学身上，但凡正眼瞧一下这类文章，它就已经输了。事实上，哈佛大学在美国不仅饱受批评，而且官司不断，起诉它的人从没有被录取的学生到被解雇的前工作人员，再到跟它有知识产权纠纷的教授，不一而足。但是，从没见哈佛大学发表声明正告对方侵犯了自己的名誉权或者其他什么权利。哈佛所要做的，就是把学校办好。

这件事让我想起了多年前一位朋友的经历。这位朋友是个知名的企业家，在行业里口碑很好，可有一次却冒出一位网红想通过抹黑他来提升自己的热度。朋友想让我帮他发声，我跟他讲，这个忙我一定会帮，但不是以他建议的做法去做，因为那样只会帮倒忙。我不会参与他们的论战，而是会写一篇文章介绍我了解的他。而且，我建议他千万不要回复对方的任何问题，只当这件事不存在。然后，我就对他说了下面这段话：

> 当你在大街上被狗咬了一口，你可能会很痛，甚至可能会有得狂犬病的风险。你气愤的心情我可以理解，但这时该做的第一件事是止血，然后去打疫苗。如果你趴到地上一口把狗给咬死，那才是大新闻呢！你现在功成名就，无论是官方还是民间都对你赞誉有加，你和碰瓷的人有什么好争的呢？

之后，他还遇到了很多来碰瓷的人，一律都没再理会。今天，他的产业比当年大了不止10倍，而当年那些找他碰瓷蹭热度的人很多都销声匿迹了。

世界上经常有双方力量完全不对等的矛盾冲突，其中一方在各方面具有压倒性的优势。用一句俗话说，就是他伸个小指头，就能把对方捏死。但越是在这种情况下，越要管束好自己的情绪，慎用自己的力量，因为只要矛盾稍有升级，损失大的显然是具有优势的一方。

我们不妨简单用一个类比来说明一下这种情况。假设优势方的利益打分是1亿，碰瓷方相应的打分是100。对优势方来说，无论是精力耗费了1%，还是今后的利益损失了1%，都是百万量级的损失。而对碰瓷方来说，即便损失到头，也不过损失掉100，而他一旦受到些许关注，就可能赢得成百上千倍的收益。相反，如果优势方只当这件事没有发生，损失也会有，但更重要的是碰瓷方没有什么收益。如果每次碰瓷都一无所得，那这种生意也就做不下去了。

我这么讲，可能还是会有人不服气，毕竟真的遇到这种情况时，很多人往往会咽不下这口气，还会有短期的损失。对此，我倒觉得一位女演员的话颇有道理——一个人有多大的名气，就要准备承担多大的污名。对于这种莫名其妙的诽谤所带来的损失，只当交了名誉的所得税罢了。

不管在哪个国家，要交的税都是随着收入上涨而增加的。

在有的国家，如果一年收入有几百万，那差不多有一半的钱要用来交税，欧洲一些国家的税率甚至比这还高。很多人因此觉得愤愤不平，想逃税，但逃税带来的损失其实更大。不过，如果你习惯于每挣两块钱只当挣了一块钱，就不会去做偷税漏税的事情了。

当然，可能还有人会说，这不是利益的问题，而是有关正义的问题。那下面就从正义的角度出发来讨论一下这个问题。

究竟什么是正义呢？单从字面上看，或者看字典里的解释，是无法把握这个概念的真实含义的。在《理想国》第一卷中，柏拉图谈到了苏格拉底和其他人关于正义的讨论。一开始，几个人先后发表了自己对正义的看法，然后苏格拉底和他们对话，对这些观点进行验证，并指出他们看法中的缺陷。

第一个人提出，正义就是诚实地说真话。苏格拉底就指出，如果一个人的脑子有问题，不能理性思考，那即便他完全诚实，说出的话也可能是糊涂话，并不是正义的。

第二个人说，"正义在于凡所负于人的，还之于人"，就是我们说的"以德报德，以怨报怨"。但苏格拉底反驳道，人们有可能会将好人当作敌人，将坏人当作朋友。这也很容易理解。比如，你包庇一个犯了罪的酒肉朋友，从朋友情分上说，是他对你好你就对他好，但这么做其实违背了社会的正义。

第三个人叫塞拉西马柯，他提出了最关键也最惊世骇俗的观点——正义的本质是最强者的利益，因此人们的正义其实是对统治者命令的服从。这个观点把苏格拉底吓了一跳，可能也会把你吓一跳，这不就是说强权即真理吗？因此，苏格拉底反驳说，统治者可能会颁布不利于自己利益的命令，这种情况下，服从统治者的命令就不算是正义了。

但是接下来，塞拉西马柯的辩驳却非常有道理。他说，一个真正理性的统治者是不会颁布不利于自己利益的命令的。比如，某个暴君施行暴政，做了很多荒唐的事情，用不了多久他的统治就被推翻了，那他做的事情就不是有利于自己利益的，也就不代表正义。也就是说，正当的统治者的利益和大众的利益并不矛盾。

举个例子。隋炀帝是历史上著名的暴君，他的一些命令和行为显然不代表正义。那么，隋炀帝是当时的最强者吗？实际上并不是。隋朝政权的背后是关陇贵族集团，而隋炀帝的所作所为背离了关陇贵族集团的利益。唐高祖李渊和隋炀帝是表兄弟关系，也是关陇贵族集团的成员，李渊和李世民所做的事情才更符合关陇贵族集团的利益。在这一时期，李渊父子二人才是真正的英主明君，在当时的天下人眼中代表正义。

对于塞拉西马柯的话，苏格拉底没有做出明确的反驳，但他也并不完全赞同，于是给对方的观点做了一个补充。苏格拉底认为，优秀的统治者进行统治并不是为了金钱或荣誉，而是因为如果他们不统治，国家就会被比他们更差的人统治。第一卷中关于正义的讨论到这里就结束了。应该说，苏格拉底补充的观点，其实代表了柏拉图的想法。

我们不能说塞拉西马柯、苏格拉底和柏拉图的观点就完全正确，但我们必须要能够辨别出其中的道理。比如一开始谈到的那所大学，它是强势的一方，从维护正义的角度来讲，它要做的事情就应该是不让自己的利益受损。因此，它不能像暴君一样把人打死了事。睚眦必报的做法，显然不符合正义的要求。反过来，弱势的一方要想维护自己的正当权利，则需要勇于抗争。

2019年1月，美国肯塔基州一位白人高中生尼古拉斯·桑德曼（Nicholas Sandmann）遭遇了一场无妄之灾。桑德曼参加完学校组织的参观林肯纪念堂活动，在回去的路上遇到了两群抗议者。第一群抗议者看到这些学生后就大声辱骂他们。正当学生们不知所措的时候，又出现了另一群抗议者，其中一名印第安老人径直走到了离桑德曼很近的地方，冲他敲打手中的乐器。桑德曼不知道该如何回应，就试图对老人微笑。结果这个画面被断章取义地拍摄下来，很快便在社交网络上流传开了。

不明真相的人认为桑德曼是在嘲笑这名印第安老人，于是对桑德曼群起而攻之，甚至各大媒体也报道说这是白人在欺压印第安人。

可是当事件的完整经过被公布之后，谁都能看出事实根本不像媒体报道的那样。桑德曼决定用法律维护自己的荣誉，替自己伸张正义，于是他把所有做出虚假报道和转载相关报道的大媒体全告上了法庭，向每一家索赔1亿～2.5亿美元不等。

面对官司，各大媒体就认怂了。在桑德曼18岁生日那天，《华盛顿邮报》先"缴枪投降"，支付了一大笔钱来跟他和解。虽然这笔钱并没有桑德曼要的那么多，但也足够他一辈子不为钱发愁了。桑德曼的律师和媒体普遍认为，在接下来的一年里，桑德曼将不断收到金额以百万美元计的大额支票。

《华盛顿邮报》等媒体这种以强凌弱的做法显然违背了正义的原则，也违背了自己的利益。套用"狗咬人"与"人咬狗"的比喻，《华盛顿邮报》等媒体的做法就像是为了造一个新闻，看到地上有一条狗觉得不顺眼，就扑到地上去咬了一口。

因此，当我们维护自己利益时，不要因为涉及利益就不好意思，维护利益和维护正义并不矛盾。**如果你是正当的一方，那么维护自己的利益，其实就是在维护正义。**

# 永远不要为了便利放弃
# 自己的隐私

今天和未来，我们将遇到的一个最大的问题，就是社交平台和一些互联网公司滥用自己的便利地位侵害我们的隐私，并且从中牟利。而这个问题恰恰是被大部分人所忽视的。

隐私需不需要保护？绝大部分人的回答都是肯定的。但是在操作上，绝大部分人却为了让生活更加便利一点点而主动放弃了自己的隐私。几年前，国内一家互联网巨头的创始人在一个论坛上讲："中国人更加开放，对隐私问题没有那么敏感，很多情况下愿意用隐私交换便利性。"这种说法显然毫无道理。中国人的隐私和世界上其他任何国家人的隐私一样重要，应当得到尊重和保护。不过，那位创始人这么说也是有原因的——很多公司肆意侵犯大家的隐私，似乎也没有人注意到，更没有人站出来反对。直到这两年国家出面约束互联网公司，这个问题才真正引起了大家的重视。

为什么隐私很重要，需要保护好它呢？原因有很多，其中最重要的是以下五个方面。

**第一，隐私权是人的基本权利，它关乎对人的基本尊重，也关乎每个人的人身安全，让人能够在社会上自由地生活。**

谈论隐私话题时，常常有人会说"不做亏心事，不怕鬼敲门"，意思是只要自己没做坏事，被别人知道隐私也没什么关系。但中国还有一句俗话，叫"不怕贼偷，就怕贼惦记"。近年来我们看到的很多诈骗案件，起点都是个人隐私信息的泄露。比如2016年，一位清华大学教授被电话诈骗1760万元，诈骗犯正是知道她刚卖了房子，有这么多钱，才立即下手的。如果诈骗犯不知道她的信息，那在茫茫人海中恰巧盯上她的概率是极低的。毕竟，最安全的地方就是混在一群人之中，就如同我们的祖先混在丛林中不让自己被野兽发现一样。因此，从某种程度上说，保护自己的隐私就是不要让自己在人群中被轻易地辨识出来，否则就容易成为他人侵害的目标。

我刚到美国时，当地的朋友告诉了我两个注意事项。首先，个人信息，特别是社会保障号码、生日和妈妈娘家的姓氏一定不能随便告诉别人。在西方，很多女性结婚后会把自己的姓氏改成丈夫的姓氏，于是她娘家的姓氏就成了一种隐私。其次，如果有人给你打电话说他是某家银行或者信用卡公司的人，要你确认某某信息，在电话里什么都不要讲，跟对方说自己会打回去，然后打电话给相应的银行或者信用卡公司确认。这么做是为了避免被电话诈骗套走信息。

在美国生活了一段时间后，我听说有人有时会突然收到银行或者信用卡公司的大额账单，但他们并没有申请过相应的信用卡。这其中就存在隐私的泄露，比如在社交网络上不经意地暴露了自己的社会保障号码、驾照复印件、住址信息等，进而有人利用这些信息进行了诈骗。

隐私被泄露后，我们面临的可能不仅是诈骗，还有可能会受到人身攻击。比如，你可能看到过这样的新闻，某个富豪的家被人盯上，他们因此被绑架勒索，甚至付出生命的代价。住址其实是非常重要的隐私信息，一旦被泄露，人就会暴露在很大的风险中，受到伤害的概率也会大幅增加。

即便不会受到人身伤害，保护自己的隐私也可以让我们获得更多尊重。人总是充满好奇心的，而有时人们满足自己好奇心的方式是去打探他人的隐私。这是一种很无礼的做法，就像偷窥一样，又像是在说"我关心我的利益，但我不在乎你的利益"。

现代社会的价值观是平等和尊重，对他人的隐私过度好奇是与现代社会的价值观相冲突的。如果我们自己对自己的隐私都不在乎，可以随意暴露给别人，就是对自己的不尊重，而不尊重自己的人也很难得到别人的尊重。因此，我们一定要注意保护自己的隐私。比如，很多人会问我诸如"大选你给谁投了票"之类的问题，我一概不回答，因为这属于我的隐私。

我们都希望拥有自由，而自由的一个重要标志，就是对自己的生活拥有自主权和控制权。如果不注意保护自己的隐私，就可能会导致别人在我们不知情的情况下干涉、影响我们的生活，也就破坏了我们生活的自由。

**第二，保护隐私是声誉管理最重要的部分。**

别人的评价会对我们的生活造成各种复杂的影响，比如会影响我们得到某个机会、和朋友的友谊，等等。一个人的公共声誉看似是一个客观问题，但这其实是在许多他人的主观评价中形成的。因此，我们必须具有一定的能力来保护自己的声誉免受不公正的损害。保护声誉不仅需要防止虚假信息的传播，也要避免某些私人信息被传播到公共环境，以免引起他人的误解。

大多数情况下一个人的私生活都与他人无关，而去了解他人私生活的某些侧面，很多时候并不会让我们更理解他人，只会引发更多的误解和偏见。这对他人是不公平的，对我们自己的声誉管理常常也是有害的。

有人可能会说，为什么要那么好面子呢？隐私被别人知道了，似乎也不会造成什么物质损失啊。其实，没有了隐私，失去的不仅仅是面子，还有里子。

人一生中不可能不犯错，但人也应该拥有改正错误、重新开始的机会，即在犯错后重启人生的权利。但是如果没有了隐私，人就会丧失这种权利。于是，一个不大的错误会一直被人提起，永远无法翻篇。一个人在做错事情，付出代价，受到惩罚，并且改正和补救了之后，还要永远背负着过去的包袱，这对他来说是不公平的。对社会来说也是很危险的，因为如果一个人知道这个错误会永远压在自己身上，自己很难重新开始走回正途，那他可能就干脆破罐破摔了，之后会给社会造成更大的危害。简而言之，保护隐私就是保障一个人可以在犯错后回归正常生活、继续发展的权利。

即便是对没有犯过错的人来讲，保护隐私所带来的信任也意味着实实在在的利益，而不仅仅是面子。

每个人都有很多职业关系、商业关系和社会关系，其中许多关系都依赖于我们对另一方的信任，而保护好隐私是建立信任关系的前提。比如，我们和心理医生谈自己遭遇的痛苦，和律师谈自己遇到的麻烦，和会计师谈自己的经济情况，对他们的信任是我们愿意提供准确信息的前提。而他们只有获得了准确的信息，才能更好地为我们服务。当然，他们要保护我们的隐私，这是我们信任他们最基本的条件。如果他们违反了保密规定，那不仅是违背了自己的职业操守，也破坏了彼此之间的信任关系。没有了信任关系，其他的业务关系和商业关系也就不可能再存在了。

**第三，保护隐私就是维持信息上的社交距离，可以控制很多风险。**

在现代社会中，人与人之间需要保持一定的社交距离，这个距离既是物理上的，也是信息上的。中国有一句俗话，叫作"远香近臭，远亲近仇"，也是在说和他人的关系并不是越近越好。

一个人朋友的数量总是有限的，我们一生中认识的人，绝大多数都只会停留在泛泛之交的层面。如果有具体事务上的合作关系，那保持恰当的距离反而更有利于彼此相对客观、就事论事地交往。举个例子，假设有一位女士人品、性格都很好，待人接物也非常友善，但她有一个隐私，就是多年前曾经和一名有妇之夫交往过。这件事和工作其实没什么关系，但知道了这件事，同事就不得不对她做出一种判断，否则好像就丧失了自己的某种立场，可这样接下来的同事关系必然会受到影响。总的来说，隐私被暴露对这位女士当然很不利，对同事关系其实也没什么好处。

在生活中，我们要做的许多事情，比如申请贷款、申请商业执照、找工作等，都和我们的个人信息及专业声誉密切相关。在这些活动中，双方的决定原本只需要基于相关信息来进行，不应该受其他个人信息影响。也就是说，很多隐私信息原本是与这些事情无关的，可一旦被他人知晓，就会影响到这些事情。因此，保持信息上的社交距离有利于保护自己，让自己在从事社会工作活动时不会受到不公平的对待。

举个真实的例子。找工作时，人们通常要在简历上写清自己的联系方式，有人还会把自己的住址写上去。有一位女士，她的丈夫是一家大公司的高管，他们住在一个房价极高的富人区。这位女士找工作时，就在简历上留了自己家的地址。结果在申请某家公司的职位时，对方 HR 半开玩笑地问她："你确定要找工作？"言外之意是，你找工作会不会只是因为闲着无聊，想找点事做，其实没有职业发展的进取心？但照理说，判断这位女士是否合格，应该只看她的专业能力，而不看她的家庭条件。显然，这项个人隐私的泄露让她在找工作时陷入了被动。

我们都能体会到，人与人之间的物理距离太近，比如在公交车上紧紧挤在一起，会让人觉得不舒服。同样，信息距离太近，也可能会让人感到不舒适。保护隐私有助于减少在生活中遇到的社会摩擦，让我们在一个相对放松的环境中交往。保护好自己的隐私，就是维持信息上的社交距离。

**第四，保护隐私是保护思想和言论自由的关键。**

每个人都可能有与主流观点不一致的时候，如果不能发出不同的观点，我们就只能成为主流观点的服从者。而能够安全发声的前提，就是隐私受到保护，我们不会因为发出不同的声音而遭到攻击或者报复。因此，有时我们需要用匿名的方式来表达意见，比如职场中的工作评议、学校中学生对老师的评教评学等。这时，对隐私的保护是我们能够如实发表想法的前提。

比如，在美国早期的政治选举中，很多地方的投票方式是大家集中到市政厅举手表决，这就让少数派非常有压力，选举的公正性就会受到影响。因此到了后来，各种需要由大众参与的评选和投票都改用无记名的形式来进行了。这在今天已经是常识了。

再比如，到年底了，公司要收集基层员工对中层管理者的意见。在这个过程中，公司要保护好基层员工的隐私，否则他们就不敢说出真实的看法，公司也就了解不到真相。又或者是公司要评选优秀员工或者决定某项人事任免，即便是要确认每一个评审者的身份，在将他们的意见传递给被评审人时，也都要进行匿名处理，因为只有这样他们才不会因为自己的选择和意见遭到打击报复。

**第五，保护隐私就是维护我们的独立性。**

说到隐私这个话题，总有人喜欢说"如果没有见不得人的事，为什么不能让人知道呢？"这种说法很没有道理。

很多时候，我们做的事并非坏事，不能被简单地加以评判。毕竟，所有事情都有其来龙去脉和背景缘由，而旁观者也许有信息上的局限性，也许有认知上的局限性，并不能真正理解我们的所作所为。

有人也许会说，你可以解释啊。这种说法有两个问题。首先，我们没有义务向所有人解释自己做的所有事。其次，解释极为耗费时间和精力，如果把时间和精力都花在为自己辩解上，我们就难以做好其他事情了。

保护隐私，就是保护我们在为人处事上的独立性。我们不必把时间浪费在不重要的解释和自我辩护上，而应该专注于做好自己的事情。

## 有效识别霸凌，
## 才能避免被霸凌

无论是孩子还是大人，都难免会遇到被霸凌的问题。霸凌问题广泛存在于学校、职场，甚至是恋爱、家庭等亲密关系中，让很多人头疼不已。面对这种问题，我们显然不能回避，也不能着急，而是需要掌握一整套应对的理论和方法。

为什么我不直接谈方法，而是要先说理论呢？因为能够有效使用方法的前提是了解霸凌是怎么回事。也就是俗话说的"知己知彼，百战不殆"。如果连霸凌是怎么回事都不了解，那即便知道一些好的应对方法，我们也不理解为什么要那么做，执行起来必然会打折扣。

本节讲述的内容主要来自心理学家和职场管理教练。在一个正规的单位，比如大公司、政府部门以及大学等单位，遇到职场人际关系问题时，不能简单地凭经验处理，而要按照一定的规范和流程按部就班地处理。比如，你是手下有几名下属的主管或者带着几名学生的老师，你需要帮他们在待人接物方面获得成长，让他们能够自己解决矛盾，那你教给他们的，就应该是一套规范的方法，而不仅仅是个人的经验。

采用规范的处理方法，第一步是对制造问题的人进行鉴别。下面来看一个生活中的常见场景。

小杨一个月前向你借了一万块钱，说好半个月就还，但两个月过去了，中间你也暗示过他，但他还是没有还。等到你很严肃地向他要债时，他说"哎呀，最近忙忘了，回头就给你"，或者说"哎呀，最近真的手头有点紧，再宽限一周，下周一定给你"。这类事情，小杨做了不止一次。那么，你觉得他可能是属于下面哪种情况呢？

1. 小杨就是大大咧咧的，把事情给忘了。他也是真的想还，但就是记性不好，或者他最近真的手头有点紧。
2. 小杨品行不好，自私，或者爱贪便宜。
3. 小杨心理上有问题。

一些好心的人可能会觉得小杨属于第一种情况，但如果排除了他确实记性不好的可能性，很多人就会觉得他属于第二种情况。但心理医生和职场管理教练会告诉你，小杨大概率属于第三种情况，即他的表现可能与一种心理缺陷有关。有这种心理缺陷的人往往为人强势霸道,具体来说,包括以自我为中心,为人自私;非常自大,觉得自己什么都是对的,并且总是试图控制别人;做任何事情都只从自己的利益出发,只考虑对自己有什么好处,从不考虑他人的利益。

世界上有心理缺陷的人远比大家想象得多。据统计,美国45%的人看过心理医生,而美国注册心理医生的数量是外科医生的5倍,前者有10万人,后者只有2万人。在全世界范围内,东亚人相对不喜欢看心理医生,这不是因为他们心理更健康,而是因为他们遇到问题不好意思看心理医生。而且,很多心理不健康的人并不知道自己有问题。

像小杨这种情况,如果排除了他确实记性不好或者手头比较紧的可能性,就基本可以肯定他在这件事上完全没有考虑你的利益,从头到尾都是从怎么做对自己有利出发的,特别是当他不是第一次这么做时。如果在你严肃地要求还钱后,他还用谎言推托,几乎就可以肯定他心理有缺陷。这时,如果你戳破他的谎言,比如说"不对啊,我见你刚换了个新手机",他可能会有三种反应。

第一,反过来指责你有问题。比如他可能会说:"我两年也就换了这一个手机,你又不缺这一万块钱,真是太小气了。"要注意,这时一定不要被他绕进去。如果他真的这样说了,那你要明白你在这件事上是没有问题的，有问题的是他。

第二，回避你的要求，比如通过转移话题来蒙混过关。当你认真和他讲道理，跟他说"欠债还钱天经地义，和我缺不缺钱没有关系"时，他却说"我就是开个玩笑，你何必那么在意呢！"

第三，装可怜。比如，他可能会对你说："我也没有别的朋友了，不然就算是跟别人借钱，我也会先把你的钱还上的，可是我就只有你这一个朋友了。"这时，你也要留意，他可能是用装可怜的方式来操纵你。而如果对方有操纵你的意图，这就已经算得上是一种霸凌了。

我举这个例子，并不是想说所有欠钱不还的人就一定有心理缺陷，而是想借这个场景和你分析这类心理缺陷会如何表现在人的外在行为中。实际上，在别的场景中，这些表现也可能会以不同的形式出现。

如果你留心观察生活细节，不难发现相关的迹象。比如，有人对职级比自己低的人只会用命令的口吻说话；外出时，他们对服务员态度恶劣，常常吆三喝四、毫无尊重；等等。对于这类人，如果你是他们的上级，反而不容易发现问题，因为他们霸凌的对象往往是他们认为自己能够操控的人。

总的来说，如果你遇到这样的人——他做事的出发点只有自己的利益，总是坚信自己的做事方式绝对是正确的，对他人有很强的操纵欲，那他就很可能有这种心理缺陷。

为什么说上述问题是一种心理缺陷而不是品德问题呢？两者的区别又是什么？有的人伤害他人时知道自己在伤害别人，甚至会以别人的痛苦为乐，这种就属于品德问题。心理缺陷则不同，有这种心理缺陷的人其实是缺乏认知他人感受的能力，同理心和同情心非常弱。你觉得他对你不好，但他可能根本没有意识到这一点，因为他感受不到你受到了伤害，也就不觉得自己有错。如果你向他提意见，他就会觉得，我明明没有问题啊，有问题的人应该是你吧？

如果你有这样的朋友，你很可能会在和对方的交往中陷入困惑——明明我对他挺好的，他怎么这么不够意思呢？其实这是陷入了一个误区，即认为对方的人格和想法与你是一致的，你明白的东西他应该也明白，但实际上未必如此。

文学作品中有很多这一类的人物形象。比如《三国演义》中，吕伯奢收留逃亡的曹操，曹操却杀了吕伯奢一家八口。在小说中，曹操给出的理由是，他听到了磨刀声，害怕对方要杀他，是为了求生才先下手为强的。再看《三国演义》中曹操做的其他一些事，比如杀了吕布却留下刘备，晚年时逼死老搭档荀彧等，其实都是从自己的利益出发。

有些人觉得看曹操写的诗，不像个大奸大恶之人啊，那怎么解释他做过的那些事呢？如果从心理缺陷这个角度去考虑，可能就说得通了：曹操并不觉得自己是坏人，只是他缺乏感知他人感受的能力，过度地以自我为中心，所以有时候他是作恶而不自知。当然，你可能会觉得曹操在《三国演义》中本来就是个奸雄形象，既然是奸雄，做很多坏事也是自然而然的了。但是在生活中，即便是那些平时看起来老实巴交、心地还不错的人，也可能会在一些问题上"坏到"让人憎恶的地步。

2020 年，佟丽娅和佟大为主演了电视剧《爱的厘米》，剧中女主角的父亲就是一位有严重心理缺陷的人。从表面上看，他只是重男轻女，对那个不成器的儿子特别"好"，对照顾他的女儿、女婿则极尽剥削和压榨。他丝毫没有感到自己有什么不对，还总有自己觉得很正当的理由。很多人都觉得这个父亲太"坏"了，还因此弃了剧。但实际上，他并非大奸大恶之人，不能用"坏"来解释，他只是有心理疾病，而这种疾病的表现就是完全无法体会别人的感受。

但凡是正常的人都懂得趋利避害，如果受益了，即便很自私，也能够体会到；同样，如果受害了，事后也能明白。但是有些人真的体会不出来，这是由心理和人格上的缺陷造成的。对于这些人，我们不能简单地用正常人的标准来要求他们，更不能直接把他们纳入"坏人"的行列。

在职场和学校，想要避免自己陷入被霸凌的境地，首先要清楚上述人的存在，而且要清楚这类人的数量可能还不算太少。我们必须清楚地认识到，世界上每个人的心理和人格都是不同的，我们不能因为自己的心理和人格很正常，就想当然地认为其他人也都是正常的。接下来，就要对这类有心理缺陷的人保持警惕。识别这些人并不难，只要学一点心理学知识，大部分人都能做到。如果你在职场上担任管理工作，心理学的通识课应该是必须学习的。心理学常识会有助于我们处理复杂的人际关系。

特别值得指出的是，即使是在亲密关系中，也要意识到有这类人的存在。一个人不会因为是你的亲人或者恋人，就从不正常变成正常。事实上，即便是你的父母也未必和你相同。比如，有时候你会和父母发生矛盾，你觉得很委屈，也觉得父母并非心存恶意，但他们就是会做出一些让你无法理解的事。这可能就是因为你们不一样。了解这一点，可以避免自己过度陷入情感和精神上的折磨。关于这方面的具体内容，我会在下一节详细讨论。

霸凌的范围其实比我们想象的大，并不只包括动手伤人，很多霸凌行为是精神型或者关系型的。如果一个人经常用言语伤害你，刻意贬低你，在背后说你坏话，或者对你施加冷暴力，那就属于霸凌。比如，在职场上，有同事在任何场合都拒不合作，还把你的工作成果据为己有；在学校里，几个孩子号召一群人孤立某个孩子；在亲密关系中，一方对另一方索求无度，试图在精神上控制对方；在家庭生活中，父母强制要求孩子服从自己……这些都属于霸凌行为，因为都出现了一方只考虑自己的利益，并且试图控制和操纵他人的现象。

如果遇到这种情况，你要意识到这并非正常的关系，应当拒绝、防范和制止。在接下来的两节里，我会来谈一谈在不同的关系中具体该如何防范和制止霸凌。

## 如何应对亲密关系中的霸凌

相比职场和学校中的霸凌,亲密关系中的霸凌既不容易被察觉,也不容易处理,因此我们先从如何应对这方面的霸凌谈起。

在亲密关系中,最严重的霸凌行为有两种:一种是精神虐待,另一种是家庭暴力。当然,发展到这个程度,已经不是一般意义上的霸凌了,严重的其实已经构成犯罪了。家庭暴力大家都比较熟悉,这里就不展开讲了。我们重点来看看精神虐待,下面先来回顾一下一个真实的案例。

2019年,北京大学一名学生牟林翰在精神上虐待女友包丽(化名),导致其自杀。事情的大致经过是这样的。牟林翰和包丽是一对恋人,两人都是好学生。牟林翰在学业和社团工作上表现突出,对女生比较有吸引力。据包丽的母亲透露,两人恋爱期间,牟林翰嫌弃包丽有过恋爱经历、不是处女,又不想和她分手,却以这些理由来折磨她。据《南方周末》报道,包丽自杀前,牟林翰曾向她提出过拍裸照、先怀孕再流产并留下病历单、做绝育手术等令人发指的要求,最终导致了包丽自杀。据中华网报道,牟林翰已于 2019 年 6 月 10 日被逮捕,涉嫌罪名是"虐待罪"。

讲这件事,不是要让你做"吃瓜群众",而是要借这个极端案例来分析一下亲密关系中的霸凌有怎样的特征,我们要如何警惕和预防。

牟林翰显然有心理和人格上的缺陷。他家境不错,从小到大一路都走得挺顺利,可能是这种经历让他养成了不讲道理、只讲"我要"的毛病。但这还不是主要问题,他最大的问题是有典型的霸凌者心理,前面列举的那些心理缺陷特征在他身上都体现得很明显。比如,以自我为中心、极度自私、自大自负,尤其是觉得自己什么都是对的,并试图用各种手段控制别人。

悲剧发生后,牟林翰一直没有向女方家属道歉。很多人骂他渣男,但从事情的经过可以发现,这并不是普通的情感不专一或者道德问题。他的一些极端做法已经显示出,他根本没有能力认知到他人的感受,即使这个人是自己的女友。这是一种心理上的病态,而且病得不轻。就像有人患了生理疾病后无法尝出味道一样,不是简单的道德问题。

不难发现,虽然牟林翰在过去的成长和家庭环境中被培养成了一个考试成绩不错的所谓"好学生",但同时他也成了一个病人，而且病得很重。最终，这种心理缺陷在他与他人的亲密关系中爆发了出来——即使是在恋爱中，他也只考虑自己的利益，不断试图控制他人，最终酿成了悲剧。

虽然牟林翰这样的情况不多见，但在恋爱中喜欢控制对方的人却不少。比如，生活中经常看到有的男生在追女生时非常起劲，追到手后就对女生提出各种要求，比如不允许女生和其他男生交往，甚至连话都不能说。如果女生受不了，提出分手，男生就会又死皮赖脸地缠上来，甚至会下跪、发毒誓，以求女生回心转意。

这是非常典型的霸凌者做法。其实，无论他们是强势霸道还是示弱装可怜，目的都是要把对方找回来，然后继续操控对方。他们说出道歉后悔的话，不是因为体会到了自己的行为会让对方多么难受，而是因为觉得失去对方后自己会有损失，而他们不喜欢那样的损失。他们的道歉本质上还是以自己为中心的。很多受害者不懂心理学，也没有社会经验，看到霸凌者道歉就以为他们会真心悔改，结果就是一次又一次地上当，越陷越深。

那些有霸凌倾向的人虽然完全不尊重他人的利益，但却对自己的利益看得很清楚。因此，他们常常会通过承诺的方式来达到自己的目的。比如在前面那个案例中，一开始包丽并没有同意牟林翰的无理要求，但牟林翰许诺将来会娶她，她就答应了。这就是着了道，最后越陷越深。当然，从心理学的角度讲，包丽也有一定的心理缺陷，但逝者已矣，酿成悲剧的主要责任者仍然是牟林翰，且这里主要是分析如何识别和防范霸凌者，所以对她的情况就不展开讲了。

那么，对于像牟林翰这样的霸凌者，我们究竟应该怎么应对呢？心理医生的建议其实就是一句话——**一定要建立严格的界限**。比如，如果被这样的人追求，你要非常清晰且明确地拒绝他。不管他如何深情款款或者可怜示弱，比如向你诉说心事，给你打很长时间的电话等，你都一概不要理会。拒绝他的时候，不要用"我现在没时间"这种委婉的推脱之词，而要直截了当地说"我对你没有兴趣"这种明确拒绝的话。

清晰明确的拒绝是心理医生非常强调的一点。因为这类人无法体会别人的感受，而你的委婉拒绝很可能会给他们钻空子的机会，让他们利用你的不好意思或者同情心来要求和你交朋友，或者向你提出其他要求。得逞之后，他们也不会认为这是因为你很善良，只会觉得自己很了不起，并引以为豪。

我们在日常生活中经常会看到一类吐槽，说男友或者女友对自己管得特别多，出门该穿什么衣服、看老人该买什么礼物、见到朋友该怎么说话、平时该怎么生活，事无巨细都要管。如果一方不愿意这样做，另一方还是坚持要管，那这很可能已经是亲密关系中霸凌的初级阶段了。如果你之前没有留意这些地方，已经在和这样的人交往了，那你可能要再好好考虑考虑是否要继续这段关系了。

在界限这个问题上，霸凌者往往还有一个特征——他们不尊重别人的界限，却对自己的界限守得很严。他们会随意侵犯你的隐私、翻看你的手机，等等，却绝对不允许你看他们的手机、干涉他们的生活。实际上，这已经打破了亲密关系中最基本的原则，即对等原则。

为什么霸凌者会这么做呢？一方面是因为他们本身有很强的控制欲。另一方面，这种全方位的干涉常常会打破别人的自信心乃至自尊心，让他们建立起一种优势地位。慢慢地，他们就会让对方觉得自己怎么做都不对，进而逐渐失去主见，更容易被操纵。

在牟林翰和包丽的例子中，很多人不理解为什么包丽不离开牟林翰。其实，这是因为在长久的精神虐待中，包丽的自信心已经被打破了，无法只依靠自己来摆脱被操纵的境地。而且在这种霸凌关系中，受害方越是被伤害，越是处于弱势，有时反而越难以离开霸凌者。

绝大部分霸凌者都非常擅长发现对方的弱点、缺陷、把柄和缺乏安全感的地方。人天生多少都会有些不安全感，而当霸凌者发现并且利用了这一点后，受害者越是受伤无力，就越会觉得好像离开了霸凌者自己就无法生活了。霸凌者会进一步利用这一点，让受害者不断讨好、取悦自己。牟林翰显然就是利用包丽的弱点、软肋和依赖心理操控了对方；包丽作为被操控的一方，则一直想尽办法讨好牟林翰，希望以此换取安全感。

　　对于这种情况，心理医生的建议是，**不要把霸凌者当作唯一的安全感来源，可以向外求助，在其他地方寻找安全感**。以包丽为例，她身在北大，周围能够给予她帮助和支持的人其实非常多。当识别出牟林翰是霸凌者之后，就应该远离他，从其他地方寻找支持。

　　在亲密关系中可以选择离开，但在亲属关系和婚姻关系中，离开就是一个比较难的选项了，因为霸凌者可能是你的亲人或者配偶。这时，就要想别的方法来解决问题。

　　亲属关系和婚姻中的霸凌行为，最容易识别的特征之一还是越界和操控。比如，婆婆给了儿媳妇一件老式毛衣，儿媳妇觉得没有场合能穿，就把它放起来了。结果丈夫说，咱妈给你的毛衣你为什么不穿？这句话其实就有越界和操控的倾向了。再比如，今天参加派对穿什么衣服，明天上班穿什么衣服，这都是我自己的事情。伴侣可以提建议，但如果用控制或者贬低的方式来干涉，显然就是越界了。

遇到这种情况，就要向对方简明清晰地讲清楚自己的权利和边界。其实在这种情况下，丈夫也需要和母亲讲清楚，媳妇穿什么是她自己的事情。作为晚辈，也要和长辈讲清楚，我和配偶如何相处是我们这个小家庭的事情，我们自己会处理好。

这里还有一个沟通上的小技巧。既然知道那些控制欲强的人往往感知不到他人的利益，只重视自己的利益，那在和这类人沟通时就可以利用这一点。比如，你不想穿这件衣服，可以和他们说，我穿那件大牌衣服，你也更有面子呀。这样沟通效果可能就会更好。

要改变一个人总是很难的，因此，永远不要试图改变对方。在恋爱关系中，要及早识别出那些不适合交往的人，坚决摆脱他们。而在天然形成的亲属关系上，对于霸凌行为，要明确划清界限，用有技巧的沟通来保护自己，维护自己的利益和生活的边界。

当然，在费尽心思处理被亲属操控甚至霸凌的事情之前，最好也想一想是否有必要和那些亲属走得很近。今天的社会已经不是熟人社会了，那些我们原以为不可或缺的亲属关系早就不是很重要了。大部分时候，距离产生美感，远一点的亲属关系反而会让人更舒服。

# 如何应对职场关系中的霸凌

我把职场和学校里的霸凌归为同一类问题，因为它们都不太涉及个人生活，主要是会影响一个人的工作和学习。当然，严重的情况下还可能会影响一个人的职业发展，甚至给人造成永久性的心理伤害。下面先来看两类职场霸凌的例子。

第一个例子是 2020 年 8 月爆出的一则有关厦门国际银行的新闻。在一次单位组织的聚餐会上，一位新员工因为拒绝喝领导敬的酒而被打耳光。这件事被曝光后在社会上引起了极大的反响。中国银行业协会也表态，声明将加强行业自律，注重行为管理；对于行为恶劣、对行业造成重大损失和负面影响的从业人员，将考虑纳入行业禁入黑名单。

当然，动手属于比较极端的情况，职场中更为常见的霸凌是下面这个例子中的情形。

老李是在公司工作年限比较久的工程师，能力不错，但控制欲特别强，不仅对各种项目都要发表意见，还一定要让大家接受他的想法。即便是不该他管的其他同事的业务，他也要横挑鼻子竖挑眼。实际上，老李的思路未必比其他人的更好，但他就是希望大家都按照他的想法来。同事们被他烦得不行了，最后常常就接受了他的做法。时间长了，大家都怕他了。从表面上看，老李只是一个不讨人喜欢的同事，但实际上，他的做法已经属于职场霸凌了。

那么，面对霸凌者，我们该怎么办呢？下面还是以霸凌者的心理为切入点来分析。

和霸凌者起冲突，很容易让事情变得一发不可收拾，让矛盾不断激化，因为为了维护自我形象，霸凌者往往有一种"必须要赢"的信念。工作中有分歧，正常的做法是就事论事、解决问题，但对霸凌者来说不是这样的，因为他们成就感的获得不在于业绩，而在于对他人的操控。你和他起冲突，在他看来就是你在挑战他的自我。

在霸凌者心中，能够在多大程度上操控同事，就意味着他有多大的本事和影响力，尽管这可能只是他脑中的幻想。同事的退让只会让他越发觉得自己了不起，越发自我膨胀，觉得自己的形象很高大。他要是赢不了你，就会毁了他幻想中的自我形象，而这对他来说就像天塌了一样。因此，为了达到自己的目的，在和你发生冲突时，霸凌者宁可和你同归于尽也不会让你占上风。在他们的词典里，没有"双赢"这个词。有时候他们甚至更在意能让你损失多少，而不是自己能获得多少，因为让你受损才更能证明他们对同事有强大的影响力。

在别人看来，这种人就是损人不利己，简直没有良心，也没有道德。其实，更主要的原因是他们以自我为中心，从不考虑他人的感受和利益。而一般人在面对这样的霸凌者时，往往会高估他们的实力，低估他们的决心，这也就是很多人在霸凌者面前退缩的重要原因。

认识到了这些深层原因，那我们应该怎么做呢？下面分享一下进行管理培训的心理专家们的建议。不过，还要提醒一点，只有在确定了对方是霸凌者时才能使用这些做法，对一般的同事、朋友不能使用。具体来讲，有以下五点。

**第一，不要害怕霸凌者，不要回避和他们的冲突，要找到适当的时机打败他们。**

霸凌者往往都会自我膨胀，但这种幻想出来的自负其实很空虚，只要打破这一点，让他们知道继续实施霸凌行为会导致自己被大家抛弃，他们就会有所收敛了。

很多人觉得打败霸凌者并不容易，这是一种误解。因为随着霸凌者越来越自大，挑战他们的其实不只是你一个人，可能是一群人，甚至可能是一些比他们更强大的力量。找到同盟军，找到一个切入点，你就完全可以正面对抗霸凌者。比如，前面新闻中被领导扇耳光的那个员工,他的职级是比领导要低,但那个领导忽略了一个事实——社会的舆论比他更有力量。那些看似只能被他灌酒欺负的新员工,其实有能力把他的做法曝光出来,让他得到教训。

职场中的霸凌者通常有一个错误的认知,认为只有压制住别人才能得到自己想要的。他们不懂得通过合作能得到更多,或者不相信自己不靠压制他人也能做得很好。也就是说,他们有一种貌似强势、实则自卑的心理。比如,有的老板觉得必须辱骂员工才能镇得住他们,这就是一种心虚的表现。这样的自信心就像吹起来的气球,看似强盛,内里却很空虚。了解到这一点,你就不要在信心和气势上输给他们。

**第二,和霸凌者说话时态度要坚定。**

和霸凌者说话时,眼睛要直视他们,不要躲避他们的目光,显得自己很怯弱;说话的语气要坚定、自信,不要含糊,不要说"能不能这样"之类的话。毕竟这不是一次普通的聊天,而是一个挑战,你要有上战场的准备。

前面说过,霸凌者缺乏理解他人的能力,如果你和他们商量、解释,就在气势上矮了一头,还给了他们胡搅蛮缠或者转移话题的机会。要注意,一定不要任由他们把话题扯远,被他们牵着鼻子走,否则他们就又得逞了。当然,你也要事先做好准备工作，才能在气势上压倒对方。

第三，应对霸凌者时要就事论事，不要揭对方的短，做人身攻击，也不要歧视或者轻视他。

比如，千万不要说"你就是有人格缺陷""你不就是早来公司两年吗，有什么了不起的"之类的话，因为这样只会激怒对方，不能解决问题。你的坚定来自你的就事论事、公正处世和坚持原则，而不来自用霸凌者的方式对待霸凌者。

第四，在日常工作中，要注意和霸凌者划清边界。

很多霸凌者的习惯都是在日常工作的一点一滴中养成的。比如，有的霸凌者会把领导安排给他的工作扔给别人，表面上说请人帮忙，但只要别人拒绝，他就会恶语相加，甚至给人穿小鞋。面对这种情况，你一定要划清边界。

拒绝的时候，不要说"我现在很忙，有空再帮你"这样模棱两可的话，你的委婉只会给他钻空子的机会。比如，他可能会说"那等你忙完再帮我"，或者干脆就耍赖直接占用你的工作时间。如果他不依不饶，真的认为领导安排给自己的工作不合适，那你也可以陪他一起去找领导，但一定不要顺从他的要求替他完成工作。

还有一种比较隐蔽的职场霸凌，就是偷换概念，给明明是越界的事情套上一些冠冕堂皇的理由，甚至说这么做是为了你好。比如，我在国内工作时，单位有些人打着我们部门的名义在外面搞合作。我找到他们时，他们就说，这也是公司该做的。你们部门目前没有精力做，所以我们先做起来。等你们有了精力，想接手的话，我们直接交给你们就行。其实，他们这就是偷换了概念。公司该做，而我们没有精力做，不等于你就可以打着我们的名义去做。本质上这还是一种越界行为，不考虑他人的利益，只是为了谋取自己的利益。对于这种情况，你要能够识别出对方逻辑上的破绽，明确你们之间的边界。

要判断对方究竟是好心还是想占便宜，有一个原则，就是看是否对等。比如，你部门的业务，他要跑来帮忙，然后分一杯羹，或者以合作的名义要求你投入资源支持他；但是，他自己部门的事情，却绝对不让你染指。这就不是真正的合作态度。

**第五，如果在工作中不得不与霸凌者合作，就要有技巧地沟通。**

总的来说，既然知道霸凌者只会从自己的利益出发，那我们就利用这一点来和他们沟通，引导他们做出正确的决定。比如，有的老板会强制员工加班，你身为员工要怎么办呢？跟他讲家里有困难是没有用的，因为他会和你说想在职场发展就要做到工作第一，而你也不能正面反驳这种说法。

我有一个朋友就遇到过这个问题。她是个主持人，老板要她一天录三档节目，这让她十分疲惫，而且失去了自己正常的私人生活的时间。找老板谈，老板就说工作第一。她问我怎么办，我就让她跟老板讲：一天录三档节目，到第三档节目时，录制的效果会很差，影响收视率。她这样去沟通，老板果然同意了减少她的工作量。

上面说的这些方法，同样可以运用在处理学校霸凌的问题上。不过，这里就不再一条一条地对应来讲了。

职场和校园中的霸凌问题，难以通过简单地离开霸凌者来解决，所以你需要有耐心，在日常生活的细节中渐进式地处理，改变和霸凌者的关系。另外，无论是在工作中还是在学校里，都要提高自己的硬核能力。霸凌者在职场上通常都走不远。所以，只要不断提高自己的能力，你就会拉开和那些霸凌者的差距。慢慢地，他们也就无法影响你了。

# 后 记

在《我们怎样思维·经验与教育》中,美国教育家杜威是这样描述知识和智慧的差异的:"知识与智慧的区别,是多年来存在的老问题,然而还需要不断地重新提出来。知识仅仅是已经获得并储存起来的学问;而智慧则是运用学问去指导改善生活的各种能力。"可见,一个人想要改变自己的生存状态、越过越好,需要的是智慧。

知识是一种客观存在,它们在智慧形成之前就已经存在了,包括科学家、思想家和哲学家在内的知识创造者其实都是在不断发现已经存在的知识。知识一旦被发现,就不会消失;只要掌握正确的方法,任何人都能学到。

但是,智慧则不同,它们有相当的主观特性,会随着人的离去而消失。一家企业,可能会因为睿智的管理者离开而一蹶不振,虽然它拥有的知识一点也没有变少。同理,前人总结的智慧，后人可能学不到，以至于后人可能永远无法达到前人的高度。比如，我们经常会看到虎父犬子的情况，这就是因为儿子虽然受教育的条件比父亲更好，却完全没有父亲的智慧。从很大程度上来说，只有靠头脑的悟性和亲力亲为地尝试，一个人才能领悟智慧。遗憾的是，学校里并不教授提高智慧的方法。于是，几乎每个人走出学校后都要从头来一遍，把大量时间花在了试错上。

在走出学校、开始自己的职业生涯时，我自己也走了很多弯路，之后才慢慢理解了一些人生道理，体会出了一点点智慧。有些道理，其实每个人都需要懂，因此我觉得有必要写下来，以免年轻人再走我走过的弯路。在得到 App 的专栏《硅谷来信 3》中，我分享了这些看似简单却又非常重要的道理，它们可以说是我们需要具备的最基本的智慧。在这一季专栏结束后，我在"得到"团队的帮助下，将与元智慧有关的内容系统地做了整理和补充，写成了这本书，希望能帮广大读者更加全面、有效地掌握生活和工作中所需具备的最基本的智慧。

在《硅谷来信 3》的创作过程中，"得到"创始人罗振宇、CEO 脱不花、内容品控负责人之一的李倩、课程编辑陈珏和杨露珠都做了大量的工作。从内容策划到编辑校对，他们给我了很多帮助。"得到"的其他专栏作家，如刘润老师、陈海贤老师、贾行家老师、诸葛越老师、施展老师、卓克老师和王太平老师，对我本人和这个专栏给予了巨大的帮助和支持。至今，三季《硅谷来信》专栏累计有近40万人次订阅了。很多订阅者经常来这个专栏的文章下留言，给了我非常有价值的反馈。通过和他们交流，我也受益匪浅。而在本书的创作过程中，"得到"图书业务的负责人白丽丽和编辑吴婕、王青青帮我把专栏内容改编、扩充为正式的图书，她们参与了本书从选题策划、文稿整理到编辑、校对的全部工作。在此，我向他们表示最衷心的感谢。

最后，我也要感谢我的家人对我开设《硅谷来信》专栏和创作这本书的支持。作为我的第一批读者，她们给予了我很多反馈和建议。

《硅谷来信》专栏和这本书，是从我个人的视角来解读各种问题和现象，因此难免存在很多局限和不足之处。对于很多问题的看法，本书也只是抛砖引玉，希望读者朋友斧正，更希望大家发表自己的见解。

图书在版编目（CIP）数据

元智慧 / 吴军著. -- 北京：新星出版社，2022.6（2022.7 重印）
ISBN 978-7-5133-4950-5

Ⅰ.①元… Ⅱ.①吴… Ⅲ.①人生哲学－青年读物 Ⅳ.① B821-49

中国版本图书馆 CIP 数据核字（2022）第 083545 号

## 元智慧

吴军 著

| | |
|---|---|
| 责任编辑： | 白华召 |
| 策划编辑： | 王青青　吴　婕 |
| 营销编辑： | 吴　思　wusi1@luojilab.com |
| | 吴雨靖　wuyujing@luojilab.com |
| 装帧设计： | 别境 Lab |
| 责任印刷： | 李珊珊 |

| | |
|---|---|
| 出版发行： | 新星出版社 |
| 出 版 人： | 马汝军 |
| 社　　址： | 北京市西城区车公庄大街丙 3 号楼　100044 |
| 网　　址： | www.newstarpress.com |
| 电　　话： | 010-88310888 |
| 传　　真： | 010-65270449 |
| 法律顾问： | 北京市岳成律师事务所 |

| | |
|---|---|
| 读者服务： | 400-0526000　service@luojilab.com |
| 邮购地址： | 北京市朝阳区华贸商务楼 20 号楼　100025 |

| | |
|---|---|
| 印　　刷： | 北京盛通印刷股份有限公司 |
| 开　　本： | 880mm×1230mm　1/32 |
| 印　　张： | 10.5 |
| 字　　数： | 182 千字 |
| 版　　次： | 2022 年 6 月第一版　2022 年 7 月第二次印刷 |
| 书　　号： | ISBN 978-7-5133-4950-5 |
| 定　　价： | 69.00 元 |

版权专有，侵权必究；如有质量问题，请与印刷厂联系更换。